TRZECI BŁĄD EINSTEINA

Zasada równoważności

EVGENI BANTUTOV

Copyright © 2024 EV GENIUS

All rights reserved

The characters and events portrayed in this book are fictitious. Any similarity to real persons, living or dead, is coincidental and not intended by the author.

No part of this book may be reproduced, or stored in a retrieval system, or transmitted in any form or by any means, electronic, mechanical, photocopying, recording, or otherwise, without express written permission of the publisher.

CONTENTS

Title Page
Copyright
1. Wstęp.   1
2. Obszar zdefiniowany.   3
3. Zasada równoważności.   5
4. Pierwsze prawo Newtona.   15
5. Drugie prawo Newtona.   24
6. Trzecie prawo Newtona.   34
7. Prawo grawitacji Newtona.   46
8. Ruch względny ze stałą prędkością.   49
9. Ruch absolutny ze stałym przyspieszeniem.   53
10. Atrybucja rodzajów ruchów.   58
11. Wrażenie działania siły.   82
12. Siła. Punkt działania zastosowania.   89
13. Rodzaje sił. Manifestacja mocy. Przyczyna skutku.   90
14. Zasada jednolitości.   95
15. Przedstawienie graficzne   98
16. Stan względnego odpoczynku   103
17. Rzeczywistość trójwymiarowa. Jednowymiarowa rzeczywistość.   109
18. Wysiłek. Przyśpieszenie.   125

19. Pole wysiłku. Wspólna podstawowa esencja Jednej Nieskończonej Rzeczywistości. ... 131

20. Newton, grawitacja i pole wysiłku 142

21 CZAS ... 144

1. WSTĘP.

Książka ta jest przeznaczona dla czytelników, którzy nie mają specjalnego wykształcenia w dziedzinie fizyki.

Istnieje wiele liczb, które pokazują i wyjaśniają problemy współczesnej fizyki. Nie ma skomplikowanych wzorów matematycznych. Pokazano, że wiele problemów współczesnej fizyki wynika z Teorii Względności, którą stworzył Einstein.

Einstein zauważył, że gdy ciało porusza się z przyspieszeniem w polu grawitacyjnym, jego ruch przyspieszający jest identyczny z ruchem jednostajnym prostoliniowym , a masa ciężka jest zawsze równa masie bezwładności.

Einstein wykorzystał te dwa fakty i wówczas ruch z przyspieszeniem można przyrównać do ruchu jednostajnego prostoliniowego. Oznacza to, że oba rodzaje ruchu są równoważne, co Einstein zdefiniował jako *Zasadę Równoważności*.

Einstein zrównał ruch przyspieszający z ruchem jednostajnym prostoliniowym i w ten sposób stworzył Ogólną Teorię Względności.

Należy zrobić odwrotnie. Ruch jednostajny prostoliniowy należy utożsamiać z ruchem przyspieszającym. Wówczas jednostajny ruch prostoliniowy jest równoważny ruchowi z przyspieszeniem. Wówczas ruch jednostajnie prostoliniowy jest szczególnym przypadkiem ruchu z przyspieszeniem.

Einstein zdefiniował zasadę równoważności i stworzył Ogólną teorię względności. Zasada równoważności jest błędnie zdefiniowana. Stwarza to ogromne problemy dla teorii względności i kryzys współczesnej fizyki.

Aby stworzyć ogólną teorię względności, należy zastosować zasadę równości.

Z Zasady Równości wynika, że:

Siła przyciągania grawitacyjnego zdefiniowana przez Newtona **nie jest** siłą centralną. Siła przyciągania grawitacyjnego Newtona jest siłą działającą poprzecznie.

Prawo grawitacji Newtona obowiązuje tylko w granicach Układu Słonecznego.

Zatem ciemna energia i ciemna materia nie istnieją.

Istnieje nieskończona liczba różnych **„praw grawitacji"** i prawa te są realizowane w **polu wysiłku** .

Pole wysiłku jest nośnikiem wyższych pochodnych drogi i czasu.

Akcja *MUTUALISACTION* rozgrywa się w **polu wysiłku** .

Tłumaczenie ze słowiańsko-bułgarskiej cyrylicy na angielski:

ВЗАИМНОДЕЙСТВИЕ = MUTUALISACTION

2. OBSZAR ZDEFINIOWANY.

Przeprowadzona zostanie analiza podstawowych praw fizyki. Aby poprawnie przeprowadzić analizę, konieczne jest utworzenie odpowiedniego obszaru definicji. Domena definicyjna składa się z czterech zasad aksjomatycznych i jednej kategorii filozoficznej.

Zasady:

1- Rzeczywistość **istnieje**.

2. Rzeczywistość jest **refleksyjna**.

3- Rzeczywistość jest **nieskończona**.

4- Rzeczywistość jest pojedyncza, niepowtarzalna.

Kategoria filozoficzna:

Pojęcie **Jednej Nieskończonej Rzeczywistości** jest kategorią filozoficzną.

Wyjaśnienia:

- Pojęcie **Jednej Nieskończonej Rzeczywistości** jest kategorią filozoficzną, która służy do określenia jedności świadomości i materii.

-**Istnienie** jest samodzielną kategorią filozofii nauki. Niefilozofowie zazwyczaj antagonistycznie przeciwstawiają kategorię istnienia kategorii nieistnienia. Zwykle odpowiada się, że to, czego nie ma, nazywa się niczym. Następnym krokiem jest analiza kategorii **nic** i **coś**. Analiza tych dwóch kategorii jest niezwykle trudna, a wnioski błędne.

W postawionej przeze mnie hipotezie **istnienie** nie jest przeciwstawne nieistnieniu. Istnienie jest kategorią dodatkową do kategorii **refleksji**.

Istnienie i **Refleksja** to para kategorii.

W prezentowanej przeze mnie hipotezie do par kategorii Dialektyki Hegla dodano istnienie i refleksję.

Zobacz Hegel, Fenomenologia ducha.

Zobacz Todor Pavlov, „Teoria odbicia".

- Kategoria **Nieskończoność** służy do wskazania nieskończonej ilości istniejących jakości.

- Kategoria **Singiel** służy do wskazania wyjątkowości tego, co **uniwersalne** .

Kategoria **Singiel** występuje w systemie Heglowskiej Logiki Dialektycznej.

Kategoria **pojedyncza** należy do trzech kategorii Hegla: **liczby pojedynczej** , **szczególnej** i **ogólnej** . Zobacz Hegel, Fenomenologia ducha.

3. ZASADA RÓWNOWAŻNOŚCI.

Zasada równoważności została zdefiniowana przez Alberta Einsteina. Einstein wykorzystał zasadę równoważności do stworzenia Ogólnej Teorii Względności. Zasada równoważności stwierdza, że:

-masa ciężka i bezwładna dowolnego ciała fizycznego są równe i że:

- ruch ciała z przyspieszeniem w polu grawitacyjnym jest równoważny ruchowi jednostajnemu prostoliniowemu .

Są to dwa ważne fakty, które leżą u podstaw Ogólnej Teorii Względności. Aby wyjaśnić te dwa fakty, posłużę się liczbami. Zacznę od wyjaśnienia równości masy ciężkiej i masy bezwładnej.

Zobacz rysunek 1.

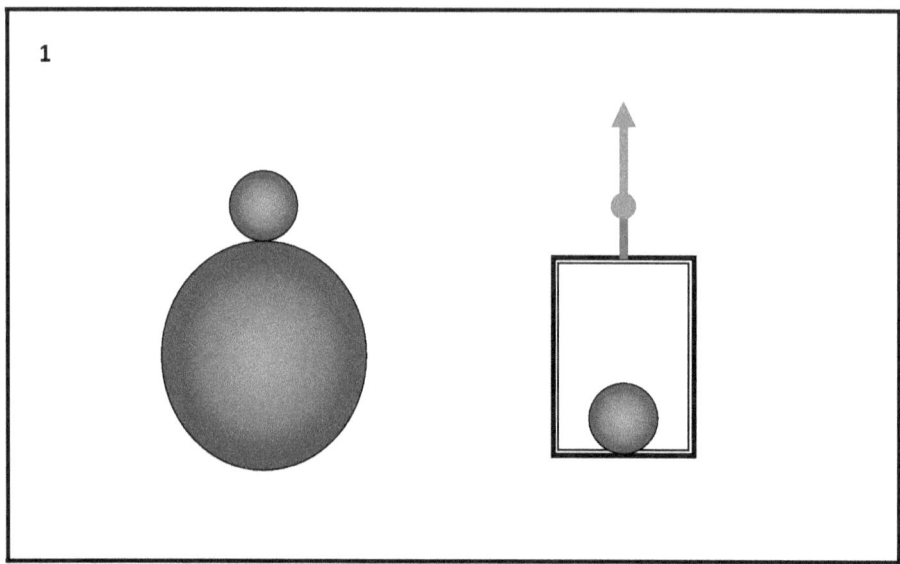

W lewej części rysunku 1 pokazane są dwie kule, mała i duża. Mała kula jest umieszczona na dużej kuli. W prawej części rysunku pierwszego pokazana jest winda i jeszcze raz ta sama mała kula, która jest umieszczona na dole windy.

Winda i mała kula znajdują się w przestrzeni kosmicznej, gdzie nie działają żadne siły grawitacyjne.

Wielką kulą jest planeta Ziemia. Mała kula to obiekt testowy znajdujący się na powierzchni planety Ziemia. Mała kula ma pewną masę, którą nazywamy **masą ciężką**. Mała kula znajdująca się na powierzchni planety Ziemia jest dokładnie taka sama, jak mała kula umieszczona na dole windy. Winda jest przymocowana do brązowej liny. Na końcu brązowej liny działa czerwona siła, która ciągnie windę we wskazanym kierunku. Siła przyłożona do końca liny jest takiej wielkości, że winda porusza się z przyspieszeniem równym dziewięć całych i osiem dziesiątych metra na sekundę do kwadratu. Kiedy winda porusza się we wskazanym kierunku z przyspieszeniem równym dziewięć całe osiem dziesiątych metra na sekundę do kwadratu, mała kula na dole windy będzie miała ciężar. Ciężar ten nazywany jest **masą**

bezwładnościową.

Masa ciężka małej kuli znajdującej się na powierzchni planety Ziemia jest równa masie **bezwładności** małej kuli znajdującej się na dnie windy.

Zobacz rysunek 2.

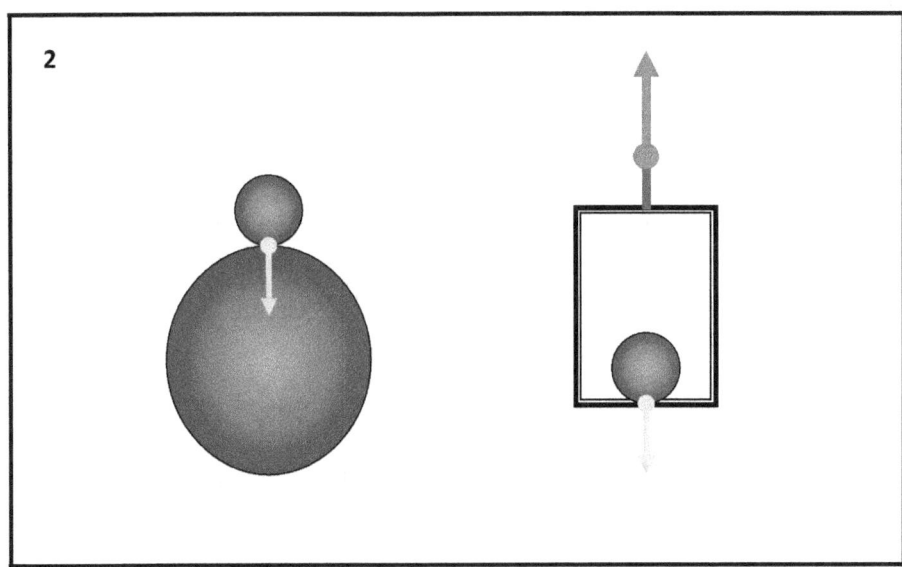

ciężką masą dociska powierzchnię Ziemi. Zielona strzałka to siła nacisku. Pokazano małą kulę w windzie, popychającą spód windy poprzez jej **masę bezwładnościową**. Zielona strzałka poniżej siły nośnej wskazuje wielkość i kierunek nacisku. Dwie małe kule są takie same, długość zielonych strzałek jest taka sama, co oznacza, że **grawitacja i masa bezwładności** małej kuli są takie same.

Powodem równości **mas ciężkich i bezwładnych** jest fakt, że przyspieszenie grawitacyjne Ziemi wynosi dziewięć pełnych ośmiu dziesiątych metra na sekundę do kwadratu, a przyspieszenie, z jakim winda porusza się w kierunku pionowym, jest również równe dziewięć całych osiem dziesiątych metrów na sekundę na kwadrat.

Krótko mówiąc, **masa ciężka** jest zawsze równa **masie bezwładności**.

Możemy sprawdzić równość masy ciężkiej i masy bezwładnościowej. Stosujemy dwie dokładne wagi.

Zobacz rysunek 3.

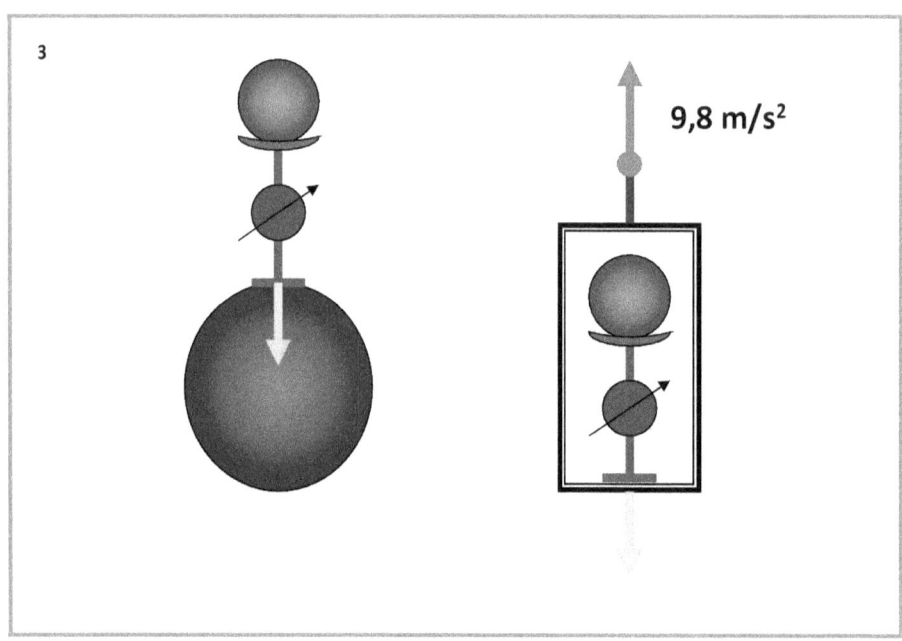

Rycina 3 przedstawia dwie identyczne skale. Waga posiada niebieski wyświetlacz do odczytu masy, brązową podstawę i brązową płytkę nośną.

Spójrz na lewą stronę obrazu. Podstawa skali znajduje się na powierzchni ziemi. Nad skalą znajduje się mała kula. Czarna strzałka wskazuje ciężar małej kuli. Skala umieszczona na powierzchni Ziemi mierzy **masę ciężką** małej kuli.

Ta sama waga znajduje się na spodzie windy. Małą kulę umieszcza się na skali. Czarna strzałka wskazuje ciężar małej kuli. Skala w windzie mierzy **masę bezwładności** małej kuli. Czarne strzałki na obu skalach wskazują jednakową wagę. **Masa ciężka** małej kuli jest równa **masie bezwładności** małej kuli. Podstawy obu łusek dociskają jednakowo. Dwie zielone strzałki poniżej podstaw łusek mają tę samą długość.

Drugim ważnym faktem w zasadzie równoważności jest to, że:

- **ruch ciała z przyspieszeniem w polu grawitacyjnym jest równoważny ruchowi jednostajnemu prostoliniowemu**.

Aby wyjaśnić ten fakt przeprowadzimy eksperyment myślowy z windą i pasażerem poruszającym się wraz z windą. Niestety w pewnym momencie lina pęka.

Zobacz rysunek 4.

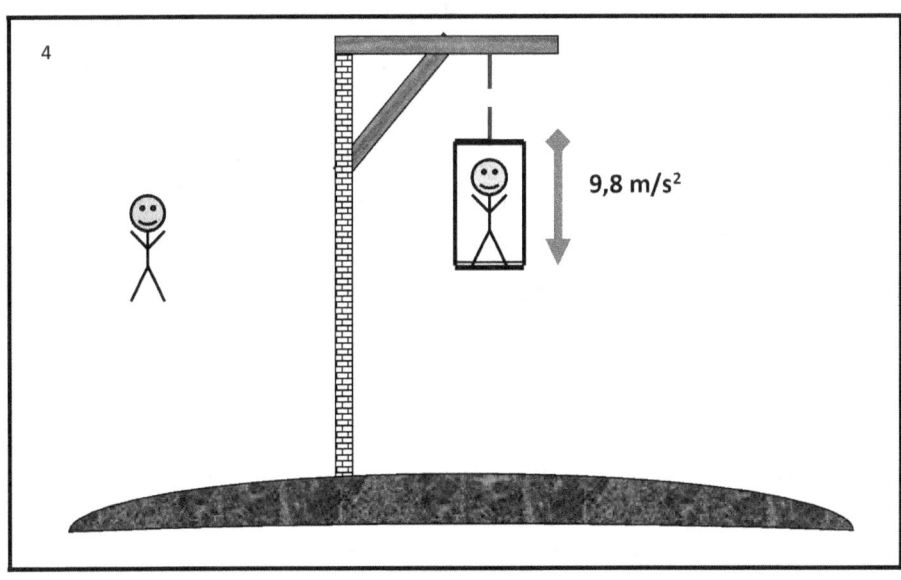

Na rycinie 4 pokazano część powierzchni ziemi, mocną pionową podporę, na której zamocowana jest pozioma belka. Winda jest przywiązana liną do dźwigara. Lina jest zerwana. Dla nas nie jest istotne, czy w chwili zerwania liny winda była w ruchu, czy w spoczynku. Ważne jest to, że winda zacznie opadać w stronę powierzchni ziemi i będzie się poruszać z przyspieszeniem dziewięciu pełnych ośmiu dziesiątych metra na sekundę do kwadratu. Powodem tego upadku z przyspieszeniem jest to, że winda i znajdujący się w niej pasażer znajdują się w polu grawitacyjnym Ziemi i doświadczają działania siły przyciągania grawitacyjnego Ziemi. Winda nie ma okien, a pasażer w windzie nie może wiedzieć, że porusza się z przyspieszeniem. Pasażer windy znajduje się w stanie nieważkości. Pasażer windy będzie przekonany, że znajduje się w stanie spoczynku lub ruchu jednostajnego, prostoliniowego i nie działają na niego żadne siły powodujące przyspieszenie. Drugi obserwator znajduje się na zewnątrz windy i widzi, że winda porusza się z przyspieszeniem. Obserwator na zewnątrz windy nie jest w stanie przekonać pasażera znajdującego się w windzie, że porusza się ona z przyspieszeniem w kierunku powierzchni ziemi.

Należy zauważyć, że podobne eksperymenty myślowe z windami przeprowadził Einstein, aby wyjaśnić naturę inercyjnych i nieinercyjnych układów odniesienia. Te eksperymenty myślowe pomogły Einsteinowi zdefiniować zasadę równoważności.

Einstein wykorzystał **zasadę równoważności** do stworzenia Ogólnej Teorii Względności.

Ogólna teoria względności jest teorią czasu i przestrzeni. Ogólna teoria względności pokazuje, jakie są prawa mechaniki i jak prawa mechaniki działają w nieinercjalnych układach odniesienia. Nieinercyjne układy odniesienia to układy współrzędnych, które znajdują się w stanie ruchu z przyspieszeniem. Współczesna fizyka i Einstein twierdzą, że ruch przyspieszony jest ruchem absolutnym, a zatem różni się od ruchu względnego. Różnica pomiędzy ruchem absolutnym z przyspieszeniem z jednej strony, a względnym ruchem jednostajnym z drugiej strony, jest bardzo dużym problemem, który nie pozwala na stworzenie Ogólnej Teorii Względności. Problem rozwiązuje zasada równoważności

Prawa względnego ruchu jednostajnego są zasadą Szczególnej Teorii Względności. Z historii fizyki wiemy, że Einstein najpierw stworzył Szczególną Teorię Względności, a następnie Ogólną Teorię Względności.

Szczególna teoria względności, podobnie jak ogólna teoria względności, jest teorią czasu i przestrzeni. Jednak w przeciwieństwie do ogólnej teorii względności, szczególna teoria względności pokazuje, jakie są prawa mechaniki i jak działają prawa mechaniki w inercjalnych układach odniesienia. Inercyjne układy odniesienia to układy współrzędnych, które znajdują się w stanie spoczynku lub w stanie jednostajnego ruchu prostoliniowego.

11 lipca 1923 roku Albert Einstein wygłosił przemówienie w Göteborgu przed spotkaniem przyrodników z krajów nordyckich na temat: „Grundgedankenund und probleme der Relativatatstheorie".

Raport został opublikowany w książce: „Les Prix Nobel en 1921-1922" Sztokholm, Imprimerie Royale, PA Norstedt & Soner.

W tym raporcie Einstein mówi:

„W mechanice klasycznej rozróżnienie między ruchami przyspieszonymi i nieprzyspieszonymi jest absolutne. Istnieją tylko prędkości względne zależne od wyboru układu inercjalnego, a przyspieszenia i obroty są bezwzględne, niezależne od wyboru układu inercjalnego.

Ponad sto lat temu Einstein zwrócił uwagę badaczy na zasadniczą różnicę między ruchem względnym a ruchem absolutnym. Różnica pomiędzy ruchem absolutnym i względnym stanowi przeszkodę w stworzeniu Ogólnej Teorii Względności. Einstein próbował rozwiązać ten problem, przyrównując ruch absolutny z przyspieszeniem do ruchu względnego ze stałą prędkością. Z filozoficznego punktu widzenia jest to błąd. Einstein powinien był pójść inną drogą, a mianowicie zrównać ruch względny przy stałej prędkości z ruchem absolutnym przy stałym przyspieszeniu. Aby tak się stało, Einstein musi przedstawić, pokazać i wyrazić ruch względny ze stałą prędkością za pomocą ruchu absolutnego ze stałym przyspieszeniem.

Einstein użył zasady równoważności, aby zrównać ruch absolutny z przyspieszeniem, które jest zasadą ogólnej teorii względności, z ruchem względnym, który jest zasadą szczególnej teorii względności.

Oto, co Einstein mówi w książce „Ewolucja idei w fizyce":

„Prawdziwa fizyka relatywistyczna musi mieć zastosowanie do wszystkich układów współrzędnych, a zatem także do szczególnego przypadku inercyjnego układu współrzędnych. Nowe **uogólnione** prawa , obowiązujące dla wszystkich układów współrzędnych , **muszą zostać** zredukowane do **znanych starych praw** , **w szczególnym przypadku** układu inercjalnego."

Niebieski tekst to:

"Nowe prawa **obowiązujące** dla wszystkich układów współrzędnych **są** zredukowane Do prawa układu inercjalnego. "

Według Einsteina **nowe prawa fizyki** obowiązują w układach współrzędnych poruszających się z przyspieszeniem.

Zasadę równoważności stosuje się, aby wprowadzić ruch absolutny w ruch względny, ale to nie wystarczy. Wykorzystuje się jeszcze jeden bardzo ważny fakt.

Inercyjny Układ Współrzędnych, który wchodzi w pole grawitacyjne, zaczyna poruszać się z przyspieszeniem, ale dla obserwatorów znajdujących się w tym Inercyjnym Układzie Współrzędnych nic się nie zmienia.

Obserwatorzy nie odczuwają ruchu wraz z przyspieszeniem. Obserwatorzy są przekonani, że ich układ współrzędnych nadal jest bezwładny i że nadal porusza się równomiernie i po linii prostej.

Oto, co Einstein mówi w książce „Ewolucja idei w fizyce":

„Ale dla takiego opisu musimy uwzględnić grawitację, budując, że tak powiem, most, który umożliwia przejście z jednego układu współrzędnych do drugiego. Pole grawitacyjne istnieje dla obserwatora zewnętrznego, ale nie istnieje dla obserwatora wewnętrznego.

I wtedy:

„Ale most, czyli pole grawitacyjne, które umożliwia opis w dwóch różnych układach współrzędnych, opiera się na jednym bardzo ważnym filarze: równości masy ciężkiej i bezwładności. Bez tego wątku przewodniego, który pozostał niezauważony w mechanice klasycznej, nasze obecne uzasadnienie byłoby całkowicie błędne".

Równość masy ciężkiej i masy bezwładnej oraz ruch inercjalnego układu odniesienia w polu grawitacyjnym to dwa wspaniałe pomysły Einsteina. Einstein wykorzystał te dwa pomysły, aby zredukować ruch absolutny poprzez przyspieszenie do względnego ruchu bezwładnościowego. Tą drogą poszedł Einstein i w ten sposób stworzył Ogólną Teorię Względności.

Z filozoficznego punktu widzenia metoda Einsteina spotyka się z poważną krytyką. Einstein powinien był zrobić coś zupełnie odwrotnego, a mianowicie spróbować zredukować względny ruch bezwładnościowy do ruchu absolutnego z przyspieszeniem.

W hipotezie, którą przedstawiam, ty i ja zrobimy dokładnie to.

W tym celu przeanalizujemy podstawowe prawa fizyczne i wyciągniemy wnioski na temat istoty tych praw.

4. PIERWSZE PRAWO NEWTONA.

W 1868 roku Newton opublikował książkę

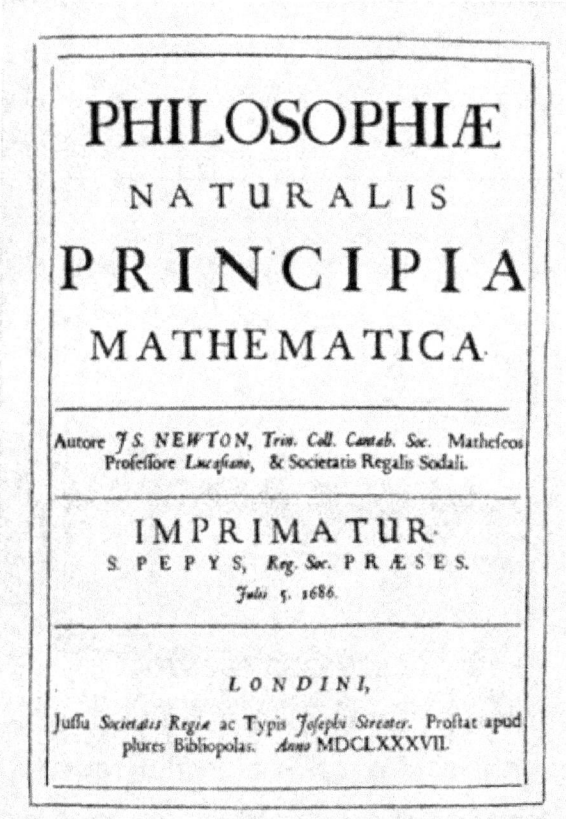

w którym zdefiniowano podstawowe prawa fizyki. Tytuł książki:

> PHILOSOPHIAE NATURALIS PRINCIPIA MATHEMATICA

jest tłumaczone na cyrylicę słowiańsko-bułgarską w następujący sposób:

> „Математически принципи на физиката"

Praw Newtona uczy się w szkole i są one znane jako „Trzy prawa Newtona".

W języku łacińskim pierwsze prawo Newtona zapisano w następujący sposób:

> „Corpus omne perseverare in statu suo quiescendi vel movendi uniformiter in directum, nisi quatenus illud a viribus impressis cogitur statum suum mutare"

Tłumaczenie z łaciny na cyrylicę słowiańsko-bułgarską zapisuje się następująco:

> „Всяко тяло продължава да запазва своето състояние на покой или равномерно праволинейно движение, докато и доколкото, то не е принудено да промени това състояние, от приложените сили"

Tłumaczenie z łaciny na język angielski najprawdopodobniej zapisuje się w ten sposób:

> "Every body continues to be held in its state of rest, or uniform and rectilinear motion, until and insofar as it is compelled by applied forces to change this state."

W książce znajduje się tłumaczenie z łaciny na rosyjski, dokonane przez akademika Kryłowa:

> ИСААК НЬЮТОН
>
> «МАТЕМАТИЧЕСКИЕ НАЧАЛА НАТУРАЛЬНОЙ ФИЛОСОФИИ»
>
> ПЕРЕВОД С ЛАТИНСКОГО И КОММЕНТАРИИ А.Н. КРЫЛОВА

Tłumaczenie na język rosyjski jest napisane w ten sposób:

> "Всякое тело продолжает удерживаться в своем состоянии покоя или равномерного и прямолинейного движения, пока и поскольку оно не понуждается приложенными силами изменять это состояние"

Pierwsze prawo Newtona:

„Każde ciało w dalszym ciągu zachowuje swój stan spoczynku lub jednostajny ruch prostoliniowy, dopóki i w takim zakresie, w jakim zostanie zmuszone do zmiany tego stanu przez przyłożone siły".

Całkiem celowo pokazuję tłumaczenie z łaciny, różnymi pismami.

Powodem jest to, że to, co mówi Newton, jest bardzo ważne. Sposób, w jaki to mówi, jest ważny.

Mianowicie:

Pierwsze prawo Newtona składa się z dwóch części. Pierwsza część prawa Newtona określa stan ciała w przestrzeni i czasie, gdy na ciało nie **działa żadna „siła"** . Newton twierdził, że na ciele **nie działa „przyłożona siła"** , możliwy stan ciała to spoczynek lub jednostajny ruch prostoliniowy. Newton nie wyjaśnia, w jaki sposób zachodzi odpoczynek lub ruch. Dla Newtona ważny jest fakt, że te dwa stany pozostają stałe zarówno w czasie, jak i w przestrzeni. Sposób zapisywania obu stanów jest taki sam. Oznacza to, że powód utrzymywania stanu spoczynku lub stanu ruchu jest ten sam. Gdy **przyczyna zachowania** tych dwóch różnych stanów jest ta sama, wówczas usunięcie przyczyny zachowania spowoduje zmianę reszty lub ruchu w ten sam sposób.

Musimy pamiętać, że według Newtona szczególnym powodem zachowania spoczynku lub ruchu jest **brak „ przyłożonej siły".**

następuje działanie **„przyłożonej siły"** , zmienia się stan spoczynku lub ruchu. W ten sposób Newton potwierdza fakt, że **przyczyną utrzymania** stanu spoczynku lub ruchu jest **brak działania „przyłożonej siły"** .

Pierwsze prawo Newtona położyło podwaliny pod naukę fizyki. Z filozoficznego punktu widzenia pierwsze prawo Newtona było ostro krytykowane. Krytyka wiąże się z istotą zjawiska ruchu i istotą zjawiska spoczynku:

Pierwsza zasada Newtona nie rozróżnia stanu spoczynku ciała od stanu jednostajnego ruchu prostoliniowego tego samego ciała. Mówiąc krótko i jasno, zgodnie z pierwszą zasadą Newtona stan spoczynku jest tożsamy ze stanem ruchu, pod warunkiem, że ruch jest jednostajny i po linii prostej.

W nauce filozofia zjawisko ruchu i zjawisko spoczynku są zasadniczo różne, a zjawiska te mają różną istotę. Tożsamość tych zasadniczo różnych zjawisk stwarza problemy dla całej współczesnej fizyki. Zagadnienia te można uszczegółowić w różnych działach fizyki. Typowym przykładem w tym zakresie jest Szczególna Teoria Względności. Chodzi o paradoks bliźniaków. Paradoks bliźniąt zdefiniowany przez Einsteina stwierdza, że gdy jeden z dwóch bliźniaków porusza się równomiernie i po linii prostej względem drugiego bliźniaka, poruszający się bliźniak starzeje się wolniej, ponieważ czas **zwalnia**. Jedynym powodem opóźnienia czasowego jest fakt, że bliźniak ten znajduje się w stanie ruchu względnego względem drugiego bliźniaka. Hipoteza ta jest zabawna, ciekawa, paradoksalna, łatwa do zapamiętania i budzi zainteresowanie ogromnej części czytelników. Chcę jednak od razu zaznaczyć, że prawdziwym paradoksem bliźniąt nie jest to, że istnieje różnica wieku bliźniaków. Prawdziwy paradoks bliźniąt sprowadza się do tego, że każdy z bliźniaków może twierdzić, że starzeje się wolniej i pozostaje młodszy, podczas gdy drugi starzeje się szybciej. Powodem tego nieporozumienia jest pierwsze prawo Newtona. Jeszcze raz podkreślam, że pierwsze prawo Newtona nie rozróżnia stanu spoczynku od stanu jednostajnego ruchu prostoliniowego.

Zobacz rysunek 5.

Na rysunku 5 pokazano dwa bliźniaki i jedną platformę. Platforma posiada kółka i może się przemieszczać. Bliźniak znajdujący się po prawej stronie postaci wszedł na platformę. Platforma wraz z bliźniakiem na niej porusza się od lewej do prawej, równomiernie po linii prostej, z pewną prędkością. Kierunek i wielkość prędkości pokazano niebieską strzałką. Bliźniak na platformie mówi do drugiego:

„Idę w twoją stronę, pewnie i prosto, i starzeję się wolniej".

Ale drugi bliźniak, znajdujący się po lewej stronie postaci, sprzeciwia się:

„O nie, to co mówisz nie jest prawdą, zmierzam w twoją stronę. Przyglądam się Tobie uważnie i widzę, że oddalasz się ode mnie ze stałą prędkością".

Prawy bliźniak odpowiada:

„Jestem na platformie i koła tej platformy się kręcą, dlatego jestem w ruchu względem was".

Zatem spór wydawał się już rozstrzygnięty, na korzyść jednego bliźniaka? Tak, zostało to rozwiązane, ale warunki eksperymentu zostały naruszone. Przeprowadzamy doświadczenie, które pod warunkiem ma na celu wykazanie tylko i wyłącznie względnego, jednostajnego, prostoliniowego ruchu bliźniaków względem siebie. Koła platformy obracają się, a ich ruch obrotowy nie jest równomierny, nie jest prostoliniowy. Według współczesnej fizyki ruch obrotowy kół jest absolutny i należy je wykluczyć z przeprowadzanego przez nas eksperymentu. Paradoks bliźniaków dotyczy tylko i wyłącznie stanu **ruchu względnego, ze stałą prędkością, po linii prostej**.

Prawdziwy eksperyment będzie wyglądał tak.

Zobacz rysunek 6.

Na rysunku 6 pokazano dwa bliźniaki i dwie platformy. Bliźniacy są na platformach. Platformy nie mają kół, ponieważ znajdują się w przestrzeni kosmicznej. Obie platformy i bliźniaki znajdują się w stanie nieważkości. Prawa platforma wraz ze znajdującym się na niej bliźniakiem porusza się po jednolitej linii prostej. Niebieska strzałka pokazuje kierunek prędkości i wielkość prędkości. Jest opuszczony, zupełnie pusty, a bliźniacy mogą określić prędkość względem siebie, po prostu obserwując się nawzajem. W tych warunkach każdy z bliźniaków może twierdzić, że się porusza, podczas gdy drugi jest w spoczynku.

Każdy z bliźniaków może za pomocą urządzeń pomiarowych określić prędkość względną drugiego bliźniaka. Można na przykład zastosować nowoczesne laserowe mierniki prędkości.

Zobacz rysunek 7.

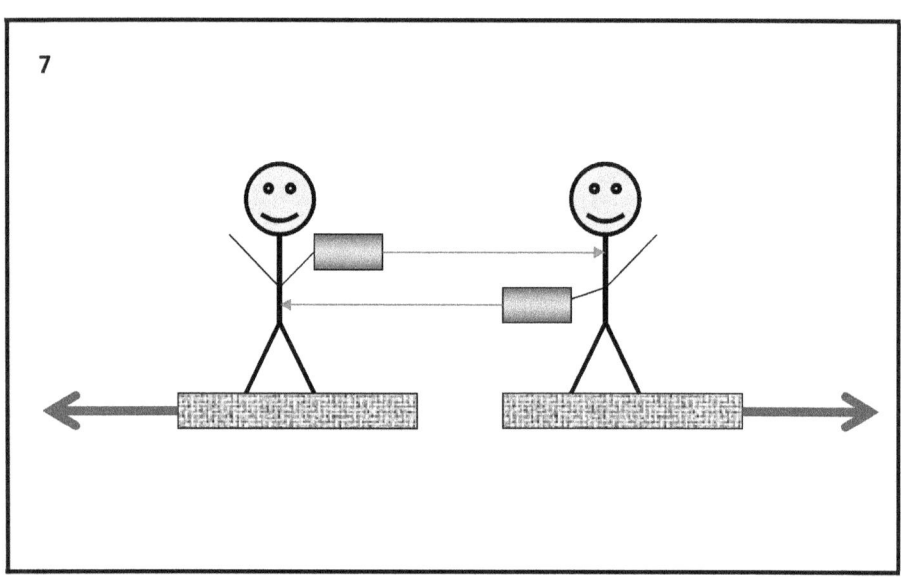

Rysunek 7 przedstawia bliźniaków korzystających z laserowych mierników prędkości. Czerwone, cienkie strzałki to wiązki światła laserowego. W tym przypadku zmierzy się, że każdy z bliźniaków porusza się równomiernie i po linii prostej względem drugiego bliźniaka. Prędkość zmierzona przez bliźniaki będzie taka sama, ale kierunek mierzonej przez nie prędkości będzie przeciwny.

Prawy bliźniak będzie twierdził, że porusza się od lewej do prawej, lewy bliźniak będzie twierdził, że porusza się od prawej do lewej.

Dwie niebieskie strzałki wskazują kierunek mierzonej prędkości. Długość strzałek wskazuje wielkość zmierzonej prędkości.

Zwróć szczególną uwagę na fakt, że wielkość strzałek jest taka sama, ale kierunki są diametralnie przeciwne.

Umieszczone w takich warunkach bliźnięta nie są w stanie określić, które z nich znajduje się w spoczynku, a które w ruchu. Oto kolejny paradoks. Widzimy, że paradoks bliźniaków składa się z dwóch części, które są dwoma zasadniczo różnymi paradoksami.

Pierwszym paradoksem jest to, że jeden bliźniak starzeje się szybciej niż drugi. To jest paradoks Einsteina.

Drugi paradoks polega na tym, że w zasadzie nie da się wykazać, który z bliźniaków znajduje się w spoczynku, a który w ruchu jednostajnie prostoliniowym.

Z filozoficznego punktu widzenia drugi paradoks jest niezwykle interesujący i ma szczególne znaczenie. Nazywa się to **paradoksem ruchu i spoczynku.** Paradoks bliźniaków, na który zwrócił uwagę Einstein, jest szczególnym przypadkiem paradoksu **ruchu i spoczynku.**

Jedynym powodem pojawienia się i istnienia **Paradoksu ruchu i spoczynku** jest to, że pierwsza zasada Newtona jest zdefiniowana w taki sposób, że nie rozróżnia stanu spoczynku od stanu jednostajnego ruchu prostoliniowego. **Paradoks ruchu i spoczynku** jest jak zły demon żyjący w podstawach współczesnej fizyki. Demon ten wpływa na całą naukę ludzką.

5. DRUGIE PRAWO NEWTONA.

W języku łacińskim drugie prawo Newtona zapisano w następujący sposób:

„Mutationem motus proportionalem esse vi motrici impressae et fieri secundum lineam rectam qua visilia imprimitur".

W słowiańskiej bułgarskiej cyrylicy:

„Изменението на количеството на движение, е пропорционално на приложената движеща сила и се извършва по тази права по която тази сила действа"

Po angielsku:

> "The change in momentum is proportional to the applied driving force and occurs in the direction of the straight line along which this force acts"

Po rosyjsku:

> „Изменение количества движения пропорционально приложенной движущей силе и происходит по направлению той прямой, по которой эта сила действует"

Drugie prawo Newtona:

„**Zmiana wielkości ruchu jest proporcjonalna do przyłożonej siły napędowej i odbywa się zgodnie z prawem, na które ta siła działa**".

W swoim magnum opus Philosophiae Naturalis Principia Mathematica Newton zdefiniował drugie prawo fizyki, w którym pokazał związek między wielkościami fizycznymi. Pierwsza wielkość to **wielkość ruchu**, druga wielkość to **zastosowana siła napędowa**. Zależność pomiędzy **wielkością ruchu** a wielkością **przyłożonej siły napędowej** sprowadza się do dwóch specyficznych zjawisk.

Pierwszym zjawiskiem jest **proporcjonalność** pomiędzy wielkością ruchu i przyłożoną siłą.

Drugim zjawiskiem jest **zmiana ilości ruchu**.

Newton oznacza, że wielkość ruchu jest wprost proporcjonalna do siły i jest wprost proporcjonalna do siły napędowej.

Jak się twierdzi, druga zasada fizyki wskazuje, że dla Newtona **przyłożona siła napędowa** jest zjawiskiem **powodującym** wystąpienie zjawiska **zmiany** pędu . Zwróć uwagę, że tak powiedziane wskazuje na obecność czterech różnych wielkości fizycznych.

Pierwszym z nich jest przyłożona siła.

To drugie jest siłą napędową.

Trzeci to ilość ruchu.

Czwarty to zmiana ilości ruchu.

Nowe wielkości fizyczne to cztery, ale dla Newtona najważniejsze jest to, że **siła powoduje** zmianę **wielkości** ruchu . Fakt ten znajduje potwierdzenie w drugiej części definicji prawa fizycznego, w języku łacińskim:

> "...et fieri secundum lineam rectam qua visilia imprimitur".

W słowiańskiej bułgarskiej cyrylicy :

> „...и се извършва по тази права по която тази сила действа".

Po angielsku:

> „…and occurs in the direction of the straight line along which this force acts"

Po rosyjsku:

> „…и происходит по направлению той прямой, по которой эта сила действует"

Tłumaczenie z cyrylicy słowiańsko-bułgarskiej na inny język:
„…i dzieje się to poprzez prawo, dzięki któremu ta władza działa".

Newton krótko i wyraźnie mówi, że **zmiana** wielkości ruchu odbywa się po linii prostej i ma kierunek. Kierunek zmiany wielkości ruchu pokrywa się z kierunkiem działającej siły. Biorąc to pod uwagę, jest to niezwykle ważne.

Definicja Newtona jest doskonała. Mówię to, ponieważ we współczesnej fizyce definicja Newtona jest przedstawiana w inny sposób, a doskonałość zanika.

We współczesnej fizyce drugie prawo Newtona zapisuje się jako:

„Siła jest równa iloczynowi masy ciała i przyspieszenia ciała".

Zdefiniowane w ten sposób drugie prawo Newtona spotyka się z poważną krytyką z punktu widzenia filozofii nauki. Krytyka filozoficzna dotyczy podporządkowania trzech wielkości fizycznych, które reprezentują trzy różne zjawiska w Jednej Nieskończonej Rzeczywistości.

Te trzy zjawiska to: siła, masa, przyspieszenie.

Zobacz rysunek 8.

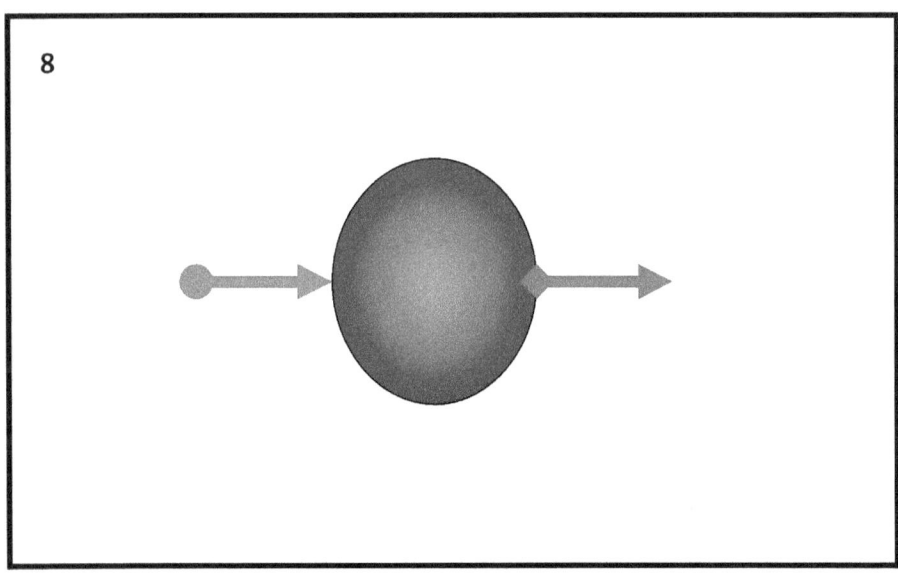

Na rysunku 8 pokazano kulę o określonej masie. Wielkość masy w konkretnym przypadku nie ma znaczenia. Na kulę działa siła. Siła jest pokazana czerwoną strzałką. Długość czerwonej strzałki wskazuje wielkość siły. Pod wpływem czerwonej siły kula porusza się z przyspieszeniem. Przyspieszenie jest pokazane zieloną strzałką. Długość zielonej strzałki wskazuje wielkość przyspieszenia. Wielkość siły działającej na kulę może być bardzo różna. Jeśli użyjemy dwukrotnie większej siły, przyspieszenie kuli będzie dwukrotnie większe.

Patrz rysunek 9.

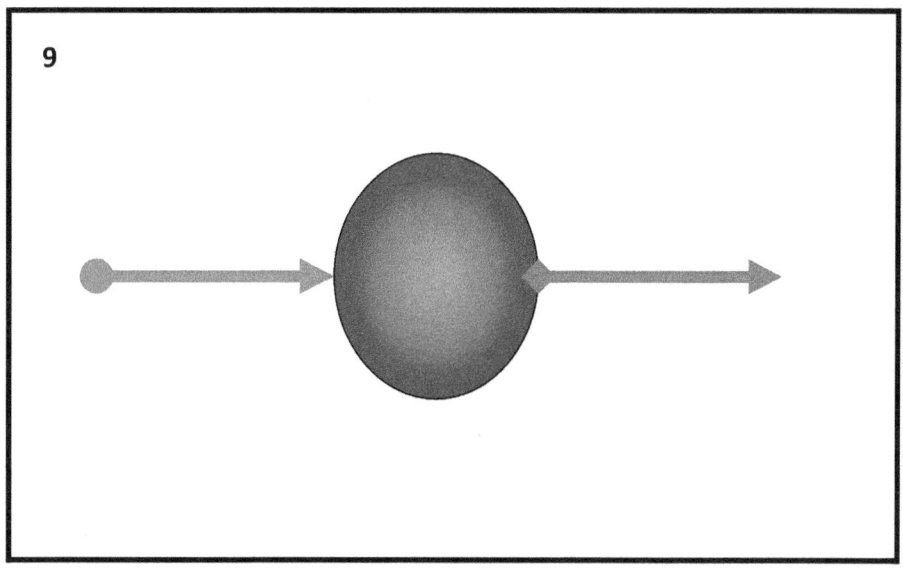

9

Na rysunku 9 pokazano, że czerwona siła jest dwukrotnie większa w porównaniu do siły na rysunku 4, wówczas przyspieszenie jest również dwukrotnie większe. Zielona strzałka pokazana na rysunku piątym jest dwa razy większa niż zielona strzałka na poprzednim rysunku czwartym.

Mamy również możliwość zmiany rozmiaru kuli. Jeśli użyjemy dwukrotnie większej kuli i nie zmienimy wielkości siły, wówczas przyspieszenie będzie dwukrotnie mniejsze.

Patrz rysunek 10.

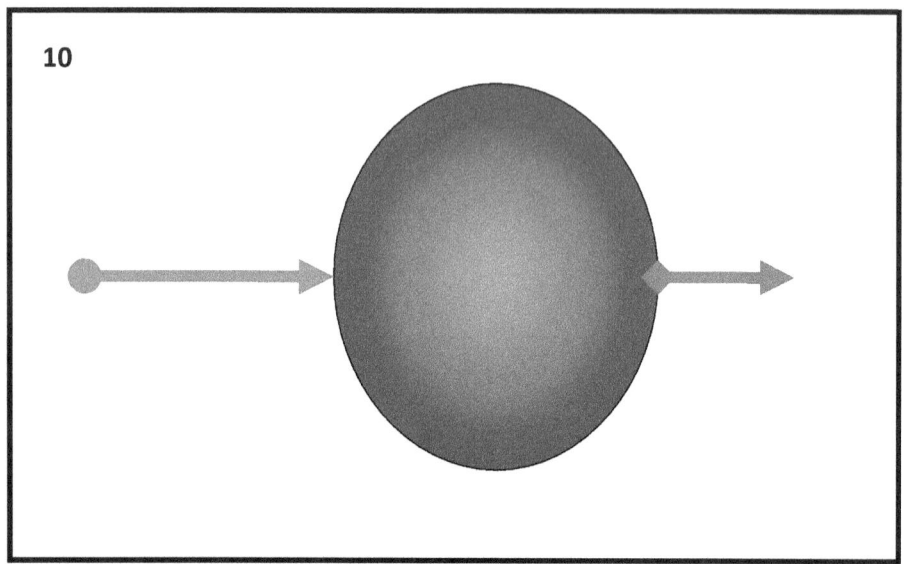

Na rysunku 10 pokazano dwukrotnie większą kulę i dwukrotnie cięższą. Czerwona siła nie ulega zmianie, ale przyspieszenie oznaczone zieloną strzałką jest dwukrotnie mniejsze w porównaniu z poprzednią cyfrą pięć.

Jesteśmy w stanie wykonać różne kombinacje siły, ciężaru kuli i przyspieszenia kuli. Wszystkie możliwe kombinacje pomiędzy tymi trzema wielkościami fizycznymi będą zgodne z drugim prawem Newtona reprezentowanym przez współczesną fizykę, a mianowicie:

Siła jest równa iloczynowi masy kuli i przyspieszenia kuli.

Filozoficzne pytanie do drugiego prawa Newtona brzmi:

Która z tych trzech wielkości fizycznych jest pierwotna?

Możliwe są różne odpowiedzi.

Pierwsza z możliwych odpowiedzi jest taka, że Moc jest najważniejsza. Bo jeśli zaobserwujemy kulę, na którą nie działa żadna siła, to kula nie będzie się poruszać z przyspieszeniem, kula będzie w spoczynku. Przykładamy siłę do kuli, po czym następuje przyspieszenie kuli. Zatem siła jest tym, co musi pojawić się jako pierwsze, aby przyspieszenie pojawiło się jako drugie. Siła powoduje wystąpienie przyspieszenia.

Tu jednak filozofia zadaje od razu następne pytanie, a mianowicie:

Jak objawia się moc?

Odpowiedź jest taka, że aby pojawiła się siła, która może oddziaływać na kulę, konieczny jest pewien ruch. Ruch może być jednostajnie prostoliniowy lub przyspieszający. Może to być inna kula poruszająca się równomiernie po linii prostej lub poruszająca się z przyspieszeniem w stronę kuli, z którą eksperymentujemy.

Patrz rysunek 11.

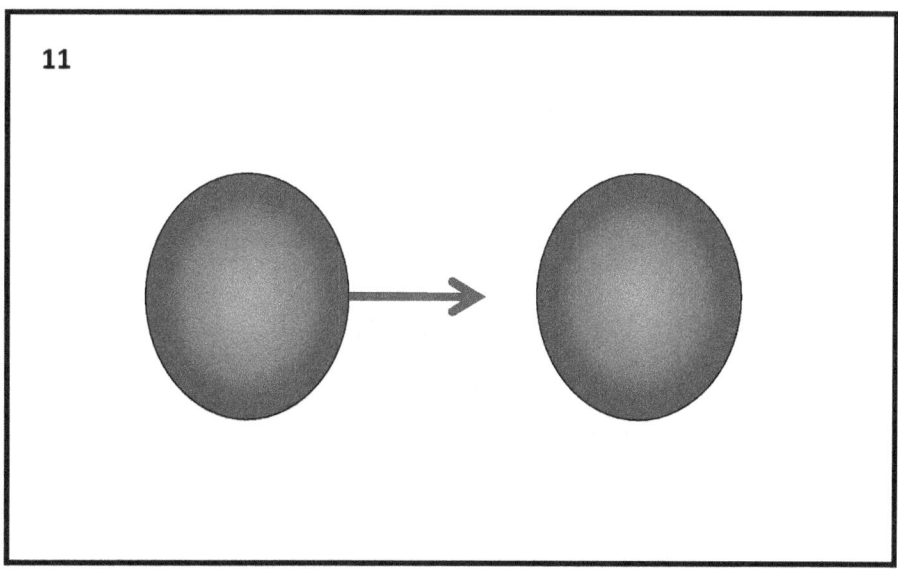

Na rysunku 11 pokazane są dwie kule. Prawy odpoczywa. Lewa kula porusza się w prawo z pewną prędkością. Kierunek prędkości i wielkość prędkości pokazano niebieską strzałką.

Zobacz rysunek 12.

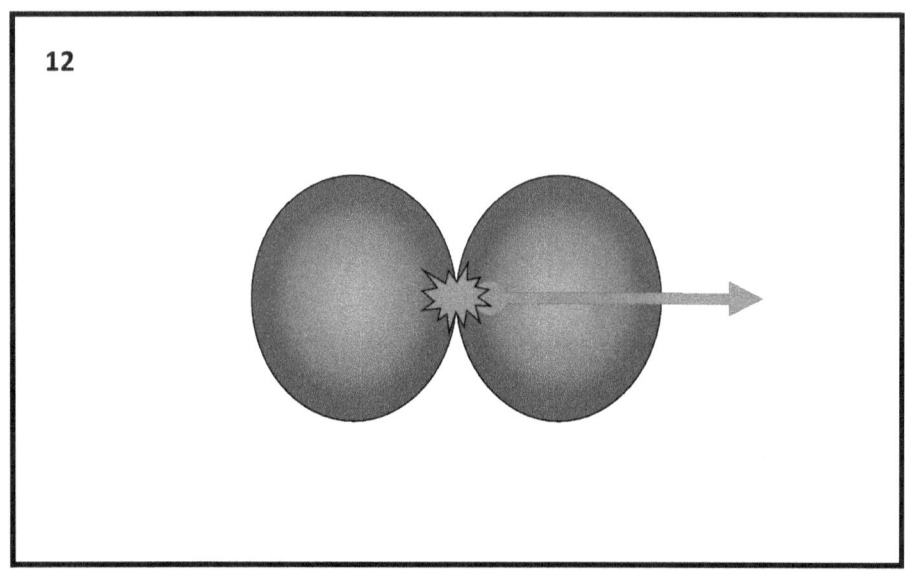

Na rycinie 12 pokazano uderzenie pomiędzy dwiema kulami. W momencie uderzenia pomiędzy atomami tworzącymi kule zachodzą przyspieszenia. Czerwony rozbłysk pokazuje przyspieszenia występujące na poziomie kwantowym. Przyspieszenia te powodują powstanie siły, która zaczyna popychać kulę, z którą przeprowadzamy eksperymenty.

Ale może przyspieszenie jest najważniejsze?

Nie wolno nam jednak zapominać, że aby nastąpiło jakiekolwiek przyspieszenie, zawsze potrzebne jest działanie siły, którą przykłada się do ciała posiadającego pewną masę. Możemy wówczas stwierdzić, że przyspieszenie nie jest pierwotne.

Trzecia możliwa odpowiedź jest taka, że masa kuli jest pierwotną wielkością fizyczną. Ponieważ jeśli zmienimy masę kuli, ale zachowamy wielkość działającej siły, przyspieszenie ulegnie zmianie. Można stwierdzić, że zmiana masy kuli jest przyczyną zmiany przyspieszenia.

Aby jednak współtworzyć ruch przyspieszający kuli, konieczne jest działanie siły. Jeśli nie działa żadna siła, kula nie będzie poruszać się z przyspieszeniem.

Otrzymuje się zamknięty okrąg. Każda z tych wielkości fizycznych jest przyczyną pojawienia się dwóch pozostałych, a dzieje się to poprzez rygorystycznie udowodnioną zależność fizyczną. Ta fizyczna zależność nazywa się drugim prawem Newtona.

Współczesna fizyka nie jest w stanie określić, która z tych trzech wielkości fizycznych jest pierwotna. Kiedy zostanie udowodniony prymat jednej z trzech wielkości, wówczas będzie to przyczyną pojawienia się pozostałych dwóch wielkości fizycznych. Na razie nie zostało to zrobione.

Jest to poważny problem współczesnej fizyki, który wpływa na całą naukę ludzką.

Przyczyną tego problemu jest to, że współczesna definicja drugiego prawa Newtona różni się od pierwotnej definicji zaproponowanej przez Newtona. Na początku tego rozdziału pokazałem, że według Newtona:

„ **Przyłożona siła napędowa**" powoduje „ **zmianę**" „ **wielkości ruchu**".

Jest to bardzo ważne i należy o tym pamiętać.

6. TRZECIE PRAWO NEWTONA.

Trzecie prawo Newtona zapisane po łacinie:

> „Actioni contrariam semper et aequalem esse reactionem: sive corporum duorum actiones in se mutuo semper esse aequales et in partes contrarias dirigi"

Napisane w języku słowiańskim, bułgarskim, cyrylicą:

> „Действието винаги е равно и противоположно на противодействието, иначе казано взаимодействията на две тела, едно върху друго, по между си, са равни и са насочени в противоположни посоки"

Napisano po rosyjsku:

> „Действию всегда есть равное и противоположное противодействие, иначе — взаимодействия двух тел друг на друга между собою равны и направлены в противоположные стороны".

Napisane w języku angielskim:

> „An action always has an equal and opposite reaction, otherwise the interactions of two bodies against each other are equal and directed in opposite directions".

Przetłumaczone ze słowiańskiej cyrylicy bułgarskiej na inny język:

„Działanie jest zawsze równe i przeciwne do przeciwdziałania, innymi słowy oddziaływania dwóch ciał, jedno na drugie, między sobą są równe i skierowane w przeciwne strony"

Prawo jest określone zwięźle i jasno.

Z filozoficznego punktu widzenia trzecie prawo Newtona spotkało się z poważną krytyką.

Definicja prawa nie zawiera żadnych ograniczeń. Warunki ograniczające wskazują, kiedy prawo ma zastosowanie, a kiedy nie. Brak restrykcyjnych warunków daje niektórym badaczom powód do twierdzenia, że trzecie prawo Newtona należy do zasady fizycznej.

Brak obszaru definicyjnego obrazującego sposób działania prawa jest przesłanką istnienia spekulacji utrudniających właściwe zrozumienie istoty prawa. W ten sposób pojawia się pogląd, że siła przeciwdziałania nie istnieje, a siła przeciwdziałania jest siłą fikcyjną.

Istotę prawa ukazują liczby.

Zobacz rysunek 13.

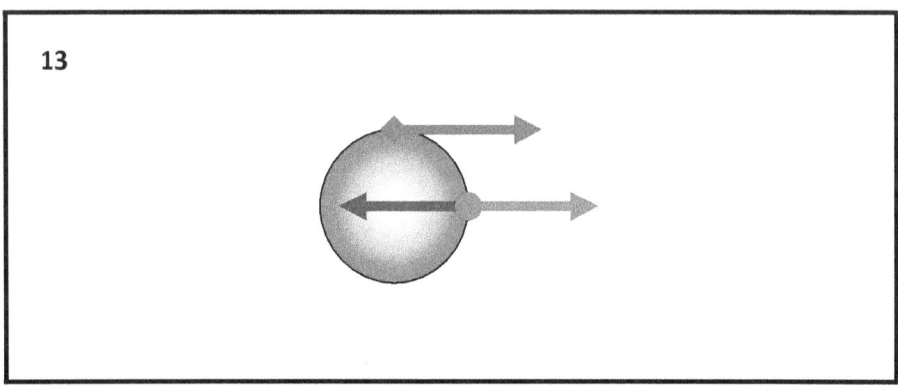

Na rysunku 13 pokazano kulę i siły działające na kulę. Do kuli przykładana jest czerwona siła, która ciągnie kulę w prawo, oraz niebieska siła, która przeciwstawia się czerwonej. Czerwona siła przyciąga kulę i kula zaczyna poruszać się z przyspieszeniem. Przyspieszenie jest pokazane zieloną strzałką. Kierunek przyspieszenia pokrywa się z kierunkiem czerwonej siły ciągnącej.

Siła działająca może być siłą pchającą. Zależy to od punktu przyłożenia siły.

Patrz rysunek 14.

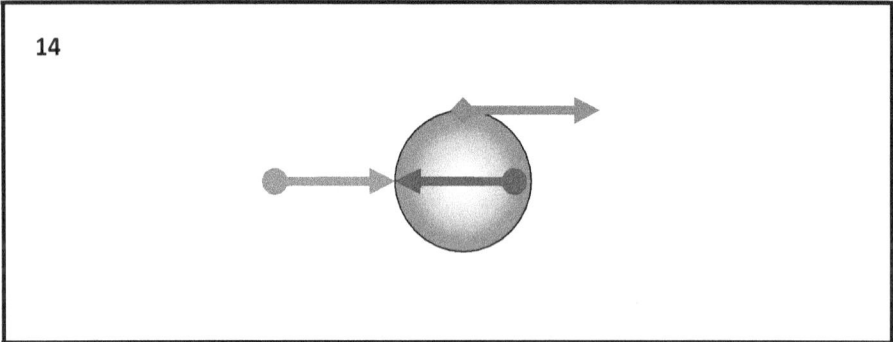

Rysunek 14 pokazuje czerwoną siłę pchającą i niebieską siłę, która przeciwstawia się czerwonej. Zielona strzałka pokazuje kierunek przyspieszenia. Możliwy jest także przypadek działania siły centralnej.

Zobacz rysunek 15.

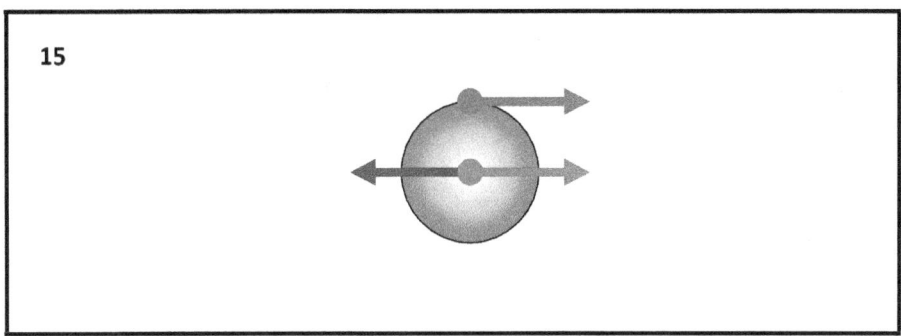

Na rysunku 15 pokazano centralnie działającą czerwoną siłę ciągnącą i niebieską siłę przeciwdziałającą czerwonej. Zielona strzałka pokazuje wielkość i kierunek przyspieszenia.

Niektórzy czytelnicy mogą zapytać: Dlaczego tak szczegółowo opisuję te elementarne rzeczy?

Moja odpowiedź jest następująca:

Ponieważ ta książka jest przeznaczona dla osób, które nie mają specjalnego wykształcenia w dziedzinie fizyki.

Ponieważ te rzeczy są bardzo ważne i należy je właściwie rozumieć.

Bo uczyłem fizyki zarówno dzieci, jak i dorosłych, a oni wszyscy twierdzą, że znają trzecie prawo Newtona i są przekonani, że je rozumieją. W miarę kontynuowania rozmowy niektórzy z nich dochodzą do wniosku, że siła przeciwna nie istnieje, że jest siłą fikcyjną i umieszczono ją tam dla wygody.

Niektórzy z moich uczniów, po spojrzeniu na rysunek 15, mówią co następuje:

„Niebieska moc jest równa czerwonej mocy, a niebieska moc jest przeciwieństwem czerwonej mocy. Wtedy te dwie siły znoszą się wzajemnie. Dlatego kula nie może poruszać się z przyspieszeniem. Jeśli kula porusza się z przyspieszeniem, niebieska siła jest fikcyjna. Niebieski nie istnieje. Środek zaradczy nie istnieje. Tylko czerwona siła ciągnąca nadal działa, a z drugiego prawa Newtona wynika, że kula porusza się z przyspieszeniem.

Powstaje pytanie: z czego wynika taki wniosek?

Odpowiedź leży w fakcie, że w nauce fizyki istnieją dwa duże, odrębne działy. Nazywa się je dynamiką i statyką. Przeprowadzając fizyczne eksperymenty myślowe, należy zawsze rozważyć, której z tych dwóch gałęzi fizyki dotyczy dany eksperyment.

Patrz rysunek 16

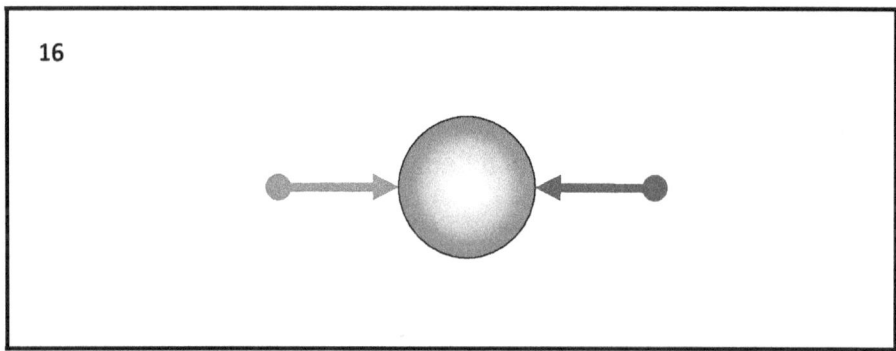

Rysunek 16 przedstawia kulę i dwie siły działające jednocześnie na kulę. Siła niebieska jest równa sile czerwonej i obie siły są skierowane przeciwko sobie. Siły niebieski i czerwony znoszą się wzajemnie, a kula jest albo w spoczynku, albo w ruchu jednostajnie prostoliniowym. To klasyczny eksperyment z działu statyki na fizyce. Pokazana cyfra dwanaście jest bardzo podobna do cyfr trzynastu, czternastu i piętnastu. Zasadnicza różnica między tymi dwiema figurami polega na tym, że punkty przyłożenia sił są dwa różne. Niebieska moc ma swój własny punkt zastosowania, który różni się od punktu zastosowania czerwonej mocy. Kiedy analizujemy trzecie prawo Newtona, siła akcji i siła reakcji mają ten sam punkt przyłożenia, co pokazano na rysunku jedenastym. Fakt ten jest bardzo ważny i aby go zrozumieć, musimy przeczytać, co Newton mówi w swojej książce „Mathematical Principles of Physics".

„Jeśli coś naciska na coś innego lub ciągnie, to samo jest przez to miażdżone lub ciągnięte. Jeśli ktoś naciska kamień palcem, wówczas kamień naciska także jego palec. Jeśli koń ciągnie kamień przywiązany do liny, to odwrotnie (że tak powiem) ciągnie kamień z równą siłą, ponieważ napięta lina dzięki swojej elastyczności wywiera na konia taką samą siłę jak kamień, i na kamieniu do konia, i o ile ta lina uniemożliwia koniowi pójście do przodu, o tyle sprawia, że kamień jedzie do przodu" .

W słowiańsko-bułgarskiej cyrylicy:

> „Ако нещо притисне нещо друго или го дърпа, то самото то се смачква или издърпва от това последното. Ако някой натисне камък с пръста си, тогава неговият пръст също е притиснат от камъка. Ако конят влачи камък, вързан за въже, тогава, обратно (така да се каже), той се дърпа към камъка с еднакво усилие, защото опънато въже, поради своята еластичност, произвежда същата сила върху коня към камъка и на камъка към коня и колкото това въже пречи на коня да върви напред, толкова и кара камъка да върви напред".

Po angielsku:

> „If something presses on something else or pulls it, then it itself is crushed or pulled by this latter. If someone presses a stone with his finger, then his finger is also pressed by the stone. If a horse drags a stone tied to a rope, then, back (so to speak), it is pulled towards the stone with equal effort, because the stretched rope, by its elasticity, produces the same force on the horse towards the stone and on the stone towards the horse, and as much as this rope prevents the horse from moving forward, so much does it impel the stone to move forward"

Po rosyjsku:

> „Если что-либо давит на что-нибудь другое или тянет его, то оно само этим последним давится или тянется. Если кто нажимает пальцем на камень, то и палец его также нажимается камнем. Если лошадь тащит камень, при-вязанный к канату, то и, обратно (если можно так выразиться), она с равным усилием оттягивается к камню, ибо натянутый канат своею упругостью производит одинаковое усилие на лошадь в сторону камня и на камень в сторону лошади, и насколько этот канат препятствует движению лошади вперед, настолько же он побуждает движение вперед камня"

Za pomocą kilku liczb pokażę, czym jest działanie, a czym przeciwdziałanie.

Zobacz rysunek 17.

TRZECI BŁĄD EINSTEINA

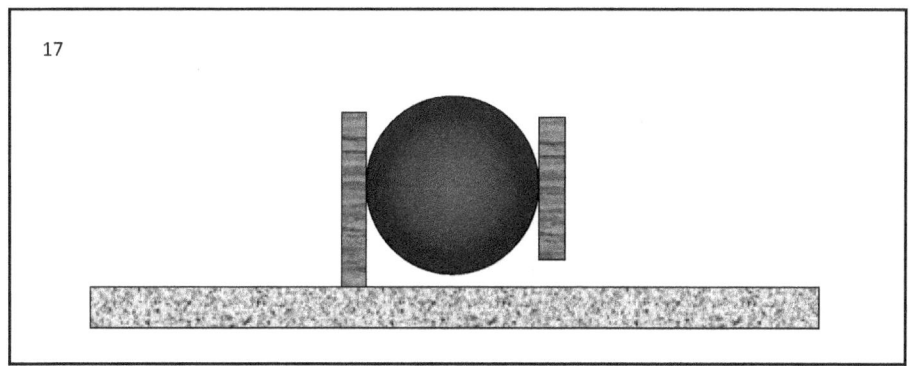

Rysunek 17 przedstawia niebieską gumową piłkę. Piłka znajduje się pomiędzy dwiema tablicami świetlnymi, tablicami. Lewa deska jest stabilnie osadzona na ciężkiej płycie z kamienia, granitu. Prawa tablica jest wolna i można ją przesuwać. Na prawą deskę stosujemy akcję siły.

Patrz rysunek 18.

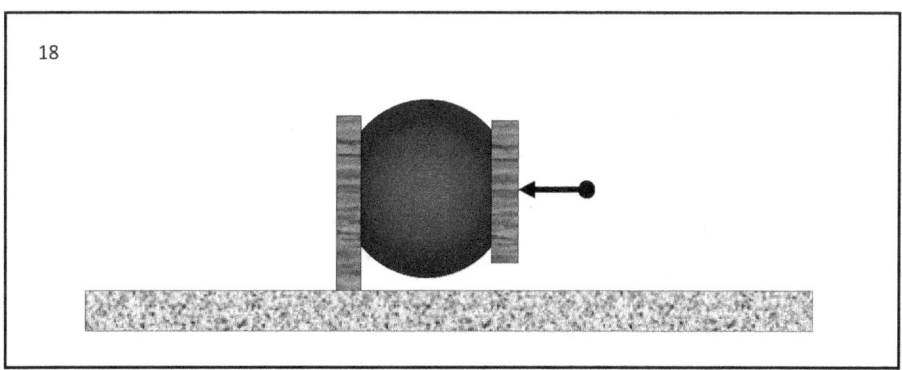

Na rysunku 18 widać, że czarna siła jest przyłożona do prawej deski. Tablica jest umieszczona tak, aby zapobiec wyskakiwaniu piłki. Siła działa od prawej do lewej. Deska naciska na gumową piłkę, a piłka odkształca się od prawej do lewej. Dokładnie takie samo odkształcenie nastąpi po lewej stronie kuli. Umieszczona jest tam deska, która jest trwale połączona z płytą granitową i jest nieruchoma. Spójrz na rysunek. Piłka jest odkształcona po obu stronach jednakowo. Właściwe odkształcenie spowodowane jest **działaniem** prawej deski na piłkę. Lewe wypaczenie jest spowodowane **przeciwdziałaniem** lewej deski na piłce. Mogę powiedzieć, że jest to doskonały klasyczny eksperyment pokazujący **akcję** i **przeciwdziałanie**, w dziale statyki fizyki. Sprawdźmy co Newton mówi w swoim wielkim dziele „Mathematical Principles of Physics".

„Jeśli ktoś naciska kamień palcem, kamień naciska także jego palec".

Można przeprowadzić eksperyment pokazujący działanie i przeciwdziałanie w części dynamiki fizyki.

Patrz rysunek 19.

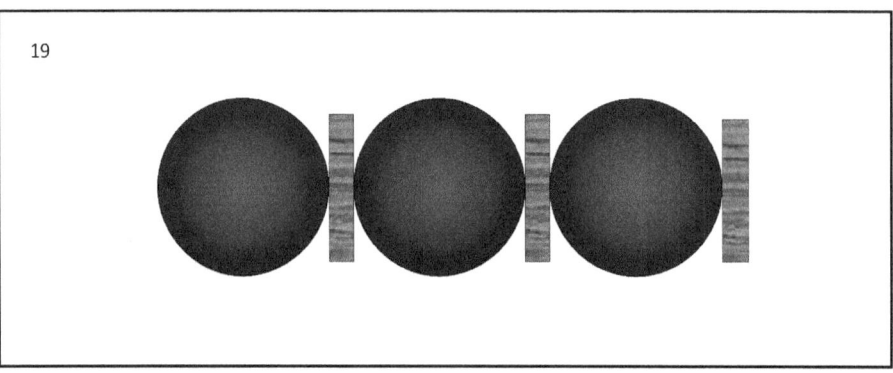

Rysunek 19 przedstawia trzy niebieskie gumowe kulki i trzy świetlne tablice wykonane z drewna. Stosujemy działanie siłowe.

Zobacz rysunek 20.

TRZECI BŁĄD EINSTEINA

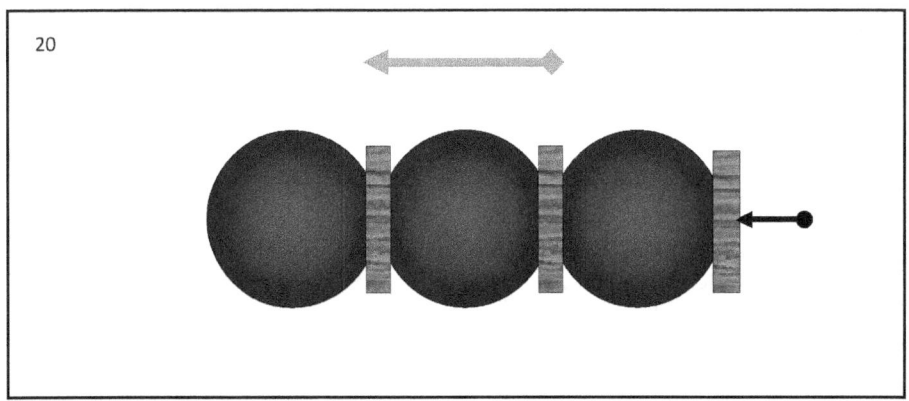

Rysunek 20 przedstawia kule, deski i czarną siłę działającą od prawej do lewej. Działanie czarnej siły powoduje, że piłki i deski poruszają się z przyspieszeniem, od prawej do lewej. Zielona strzałka u góry oznacza przyspieszenie. Przyjrzyj się uważnie figurze, a zrozumiesz **działanie** i **przeciwdziałanie** w części dotyczącej dynamiki w fizyce.

Lewą deskę i środkową deskę można zdemontować. Nie ten skrajny na prawo, bo kula pęknie. Po usunięciu dwóch desek odkształcenie trzech kulek nie ulegnie zmianie. Już wiesz dlaczego.

Istota trzeciego prawa Newtona sprowadza się do następującego stwierdzenia:

Każdemu działaniu siły odpowiada siła działająca o równej wielkości i przeciwnym kierunku.

Nasuwa się pytanie:

Jaka jest wielkość tych dwóch sił i skąd możemy mieć pewność, że istnieją i zawsze działają jednocześnie?

Przeprowadzimy eksperyment myślowy, pokażemy i zmierzymy

rzeczywistą siłę działającą na kulę.

Zobacz rysunek 21.

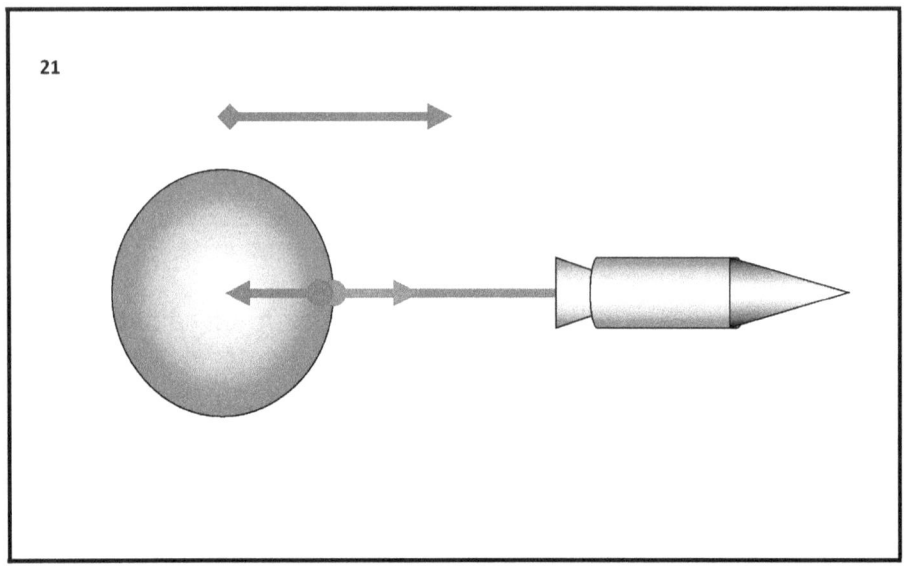

Na rycinie 21 pokazano kulę, a rakieta jest przywiązana do kuli liną. Uruchamiamy silnik rakietowy, rakieta ciągnie linę, a rakieta zaczyna ciągnąć kulę. Rakieta działa na kulę z pewną siłą. Kula zaczyna poruszać się z przyspieszeniem. Przyspieszenie jest pokazane zieloną strzałką. Czerwona strzałka to siła akcji, niebieska to siła reakcji. Należy zmierzyć siłę działania i siłę przeciwdziałania. Siły mierzy się za pomocą miernika siły.

Zobacz rysunek 22.

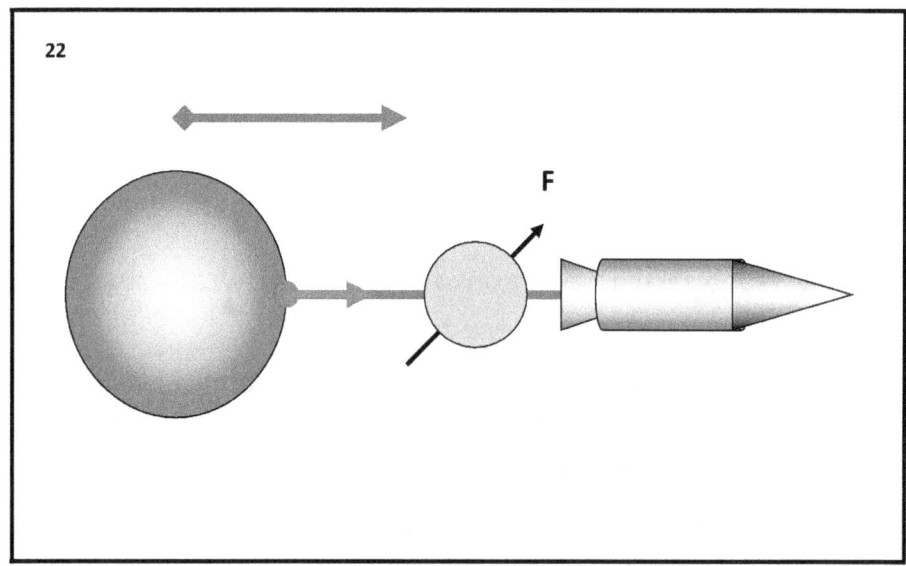

Na rysunku 22 pokazano kulę, rakietę i łączącą je linę. Na środku liny umieszczony jest miernik siły, który mierzy działanie i przeciwdziałanie. Czerwona siła to siła akcji, niebieska siła to siła reakcji. Zielona strzałka pokazuje przyspieszenie.

Rysunek dwudziesty drugi pokazuje istotę trzeciego prawa Newtona.

Eksperyment pokazany na rycinie osiemnastej dowodzi i wyjaśnia istnienie akcji i przeciwdziałania. Ilekroć analizujemy trzecie prawo Newtona, musimy wyobrazić sobie eksperyment pokazany na tym rysunku oraz eksperyment z trzema niebieskimi kulami.

7. PRAWO GRAWITACJI NEWTONA.

Według współczesnej fizyki prawo grawitacji Newtona stwierdza, że:

Siła przyciągania grawitacyjnego pomiędzy ciałami jest wprost proporcjonalna do iloczynu obu ciał i odwrotnie proporcjonalna do kwadratu odległości pomiędzy nimi.

Innymi słowy, wielkość siły grawitacji, z jaką dwa ciała przyciągają się do siebie, jest równa masie jednego ciała pomnożonej przez masę drugiego ciała podzielonej przez kwadrat odległości między dwoma ciałami.

Prawo grawitacji Newtona zapisuje się jako:

$$F = \frac{M.m}{r^2}.G$$

Gdzie:

F jest siłą przyciągania grawitacyjnego między dwoma ciałami.

M jest masą większego ciała.

m jest masą mniejszego ciała.

r jest odległością między środkami dwóch ciał.

G jest stałą grawitacji.

Z filozoficznego punktu widzenia trzecie prawo Newtona spotkało się z poważną krytyką.

Krytyka filozoficzna skierowana jest przeciwko sposobowi definiowania zjawiska siły we współczesnej fizyce. We współczesnej fizyce istnieją dwa różne matematyczne wyrażenia siły. Newton podał te dwa wyrażenia matematyczne.

Pierwsze wyrażenie matematyczne jest reprezentowane przez drugie prawo Newtona, które stwierdza, że:

Siła jest równa iloczynowi masy i przyspieszenia.

$$F = m.a$$

Drugim wyrażeniem matematycznym, reprezentowanym przez prawo Newtona, jest siła przyciągania grawitacyjnego.

$$F = \frac{M.m}{r^2}.G$$

Fakt, że istnieje równość między masą ciężką i bezwładną oraz **zasada równoważności Einsteina**, pozwala nam ustalić równość między tymi dwoma wyrażeniami matematycznymi. Otrzymuje się:

$$F = \frac{M.m}{r^2}.G = m.a$$

Możliwość zapisania tej równości w ten sposób, z filozoficznego punktu widzenia, jest wadą współczesnej fizyki. Zasada równoważności Einsteina legitymizuje matematyczne wyrażenie równości obu sił.

Zasada równoważności Einsteina odgrywa niezwykle ważną rolę we współczesnej fizyce.

Zasada równoważności Einsteina leży u podstaw Ogólnej Teorii Względności.

Zasada równoważności Einsteina jest podstawowym prawem, na podstawie którego tworzone są ludzkie koncepcje Jedynej Nieskończonej Rzeczywistości.

Zasada równoważności jest paradygmatem we współczesnej nauce ludzkiej.

8. RUCH WZGLĘDNY ZE STAŁĄ PRĘDKOŚCIĄ.

Einstein twierdzi, że stała prędkość ciała badawczego zależy od wyboru **inercjalnego układu odniesienia.**

Zobacz rysunek 23.

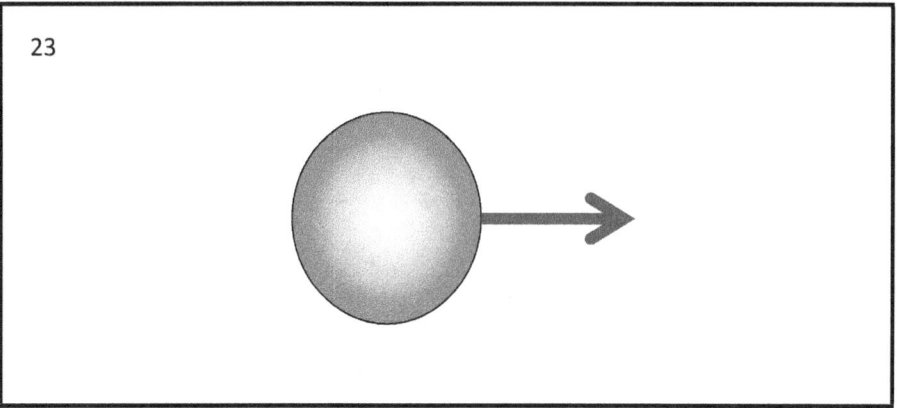

Na rysunku 23 przedstawiono kulę, która **porusza się ze stałą prędkością**. Niebieska strzałka pokazuje kierunek i wielkość stałej prędkości.

Z fizycznego punktu widzenia ekspresja **porusza się ze stałą prędkością** jest niekompletny i niedokładny, ponieważ nie podano wartości liczbowej wielkości prędkości ani układu współrzędnych.

Zjawisko wartości liczbowej **wielkości** stałej prędkości ma sens fizyczny tylko wtedy, gdy jest określony układ współrzędnych, względem którego kula porusza się ze stałą prędkością.

Patrz rysunek 24.

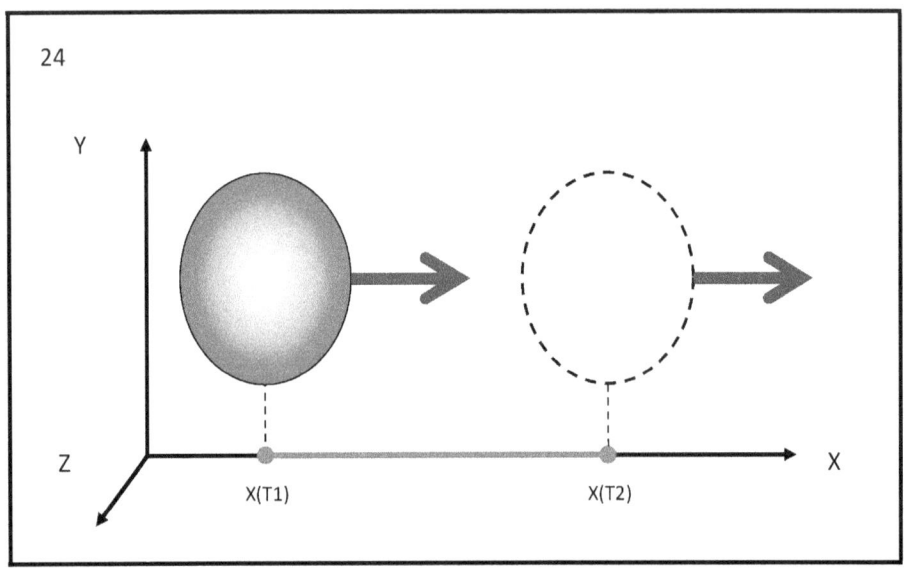

Rysunek 24 przedstawia układ współrzędnych i kulę poruszającą się ze stałą prędkością względem układu współrzędnych. Stała prędkość jest pokazana niebieską strzałką. W tym układzie współrzędnych kula przemieszcza się na pewną odległość w pewnym czasie. Ruch jest pokazany na czerwono. Dzieląc przemieszczenie przez przedział czasu, otrzymujemy prędkość kuli względem tego układu współrzędnych. Długość niebieskiej strzałki wskazuje wielkość stałej prędkości. Wielkość stałej prędkości kuli zależy od stanu ruchu lub spoczynku dowolnego specjalnie wybranego inercyjnego układu odniesienia. Jeśli wybierzemy inny inercjalny układ współrzędnych, prędkość będzie inna.

Patrz rysunek 25.

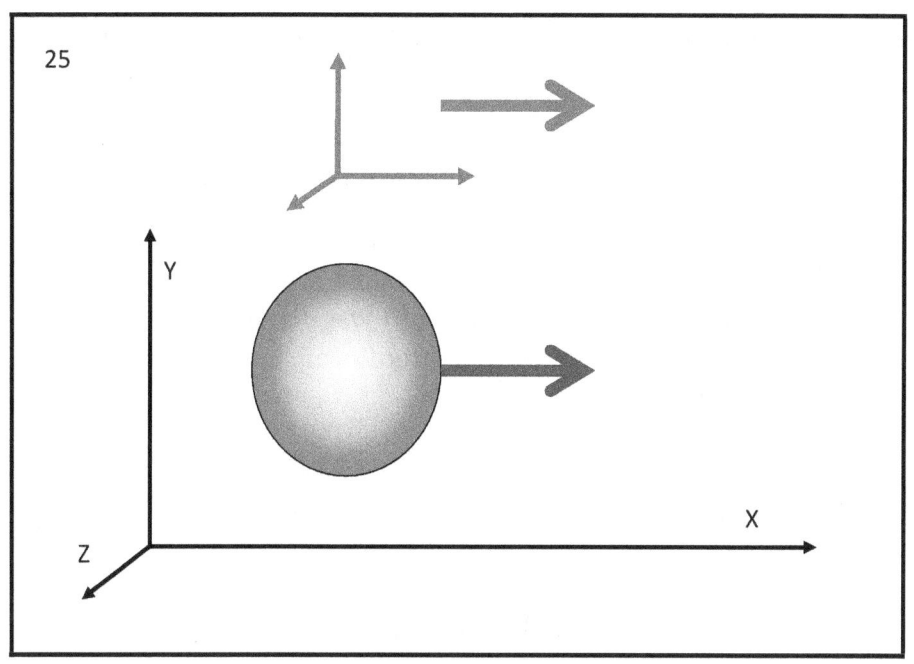

Rysunek 25 przedstawia duży układ współrzędnych składający się z czarnych strzałek, kulę poruszającą się ze stałą prędkością względem czarnego układu współrzędnych oraz mały układ współrzędnych utworzony z zielonych strzałek. Zielony układ współrzędnych porusza się ze stałą prędkością. Wartość i kierunek prędkości pokazano zieloną strzałką. Zielona strzałka jest równa niebieskiej strzałce. Kula i zielony układ współrzędnych poruszają się obok siebie z tą samą stałą prędkością i w tym samym kierunku. Kula pozostaje wówczas w spoczynku względem zielonego układu współrzędnych.

Kula znajduje się jednocześnie w dwóch stanach, mianowicie w spoczynku względem zielonego układu współrzędnych oraz w stanie ruchu ze stałą prędkością względem czarnego układu współrzędnych.

Prędkość kuli w zielonym układzie współrzędnych wynosi zero, prędkość kuli w czarnym układzie współrzędnych jest większa od zera.

Kiedy Einstein mówi, że stała prędkość ciała badawczego zależy od wyboru **inercjalnego układu odniesienia,** ma na myśli to, co pokazaliśmy na rysunkach.

Względna stała prędkość oznacza stałą prędkość zależną .

Zależność prędkości zależy od **wyboru** układu współrzędnych i zależy od wielkości prędkości, z jaką porusza się **wybrany układ współrzędnych. Wybór** układu współrzędnych, względem którego dokonywany jest **pomiar** prędkości , jest **wyborem** innej, innej prędkości.

Selekcja i pomiar są formami refleksji realizowanej przez podmiot przeprowadzający dany eksperyment .

Znajdź i zobacz w sieci: „Teoria refleksji" akademika Todora Pawłowa.

Każdy eksperymentator jest podmiotem w stosunku do obiektu obecnego w eksperymencie. Kiedy podmiot po raz pierwszy dokonuje wyboru co do stanu przedmiotu, wówczas proponuje konkretny nowy stan. W analizowanym przez nas eksperymencie występują dwa specyficzne stany, a mianowicie spoczynek lub ruch. Nowa propozycja państwa jest propozycją konwencji. Konwencja to umowa określająca, co jest prawdą, a co nie. Umowę mogą zaakceptować pozostali badacze, badani. Ale można to też odrzucić. W nauce nazywa się to konwencjonalnością. Z filozoficznego punktu widzenia konwencjonalność jest ogromnym problemem współczesnej nauki ludzkiej.

9. RUCH ABSOLUTNY ZE STAŁYM PRZYSPIESZENIEM.

Albert Einstein mówi:

"przyspieszenia i obroty są bezwzględne, nie zależą od wyboru układu inercjalnego".

To, co mówi Einstein, jest bardzo ważne. Trzeba to bardzo dobrze zrozumieć.

Patrz rysunek 26.

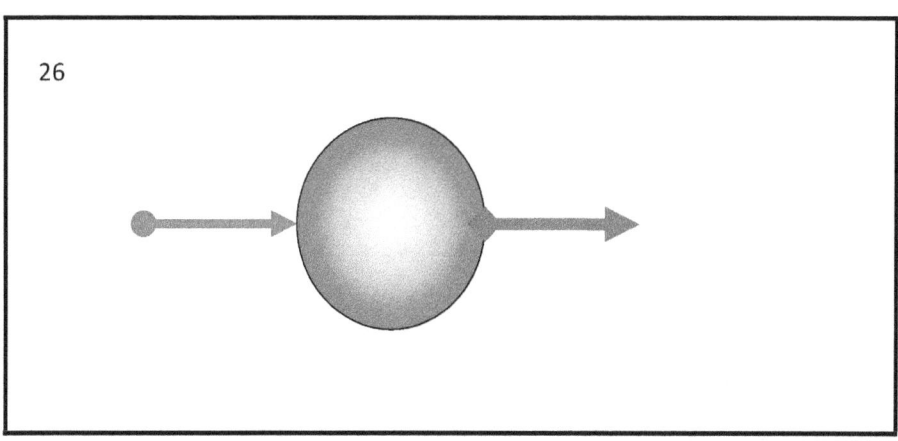

Na rysunku 26 pokazano kulę i dwie strzałki. Czerwona strzałka to siła popychająca kulę od lewej do prawej. Pod działaniem czerwonej siły kula porusza się z przyspieszeniem, od lewej do prawej. Zielona strzałka pokazuje kierunek i wielkość przyspieszenia. Nie pokazano układu współrzędnych. To nie jest konieczne. Ponieważ przyspieszenie kuli jest absolutne, co oznacza, że pomiaru wielkości przyspieszenia można dokonać bez konieczności stosowania układu współrzędnych. Oznacza to, że przyspieszenie kuli nie zależy od wyboru układu współrzędnych. Możemy wybrać dowolny inercjalny układ współrzędnych i zmierzyć przyspieszenie kuli względem niego. Wielkość zmierzonego przyspieszenia będzie taka sama i stała.

Patrz rysunek 27.

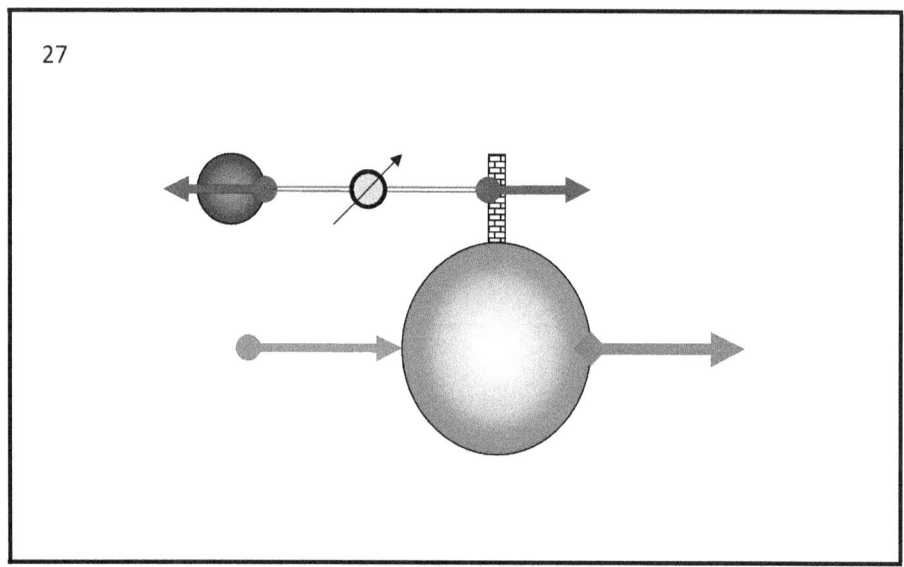

Rysunek 27 przedstawia czerwoną siłę popychającą kulę od lewej do prawej. Pod wpływem siły kula porusza się z przyspieszeniem od lewej do prawej. Kierunek i wielkość przyspieszenia pokazano zieloną strzałką. Na górnym końcu kuli wykonana jest ściana oporowa. Dana jest mała czerwona kula, która jest przywiązana do ściany brązową liną. Na środku liny umieszczone jest urządzenie do pomiaru siły – miernik siły. Czerwona kula to próbka, która została wybrana za pomocą masy odniesienia. Ściana ciągnie małą czerwoną kulę z pewną siłą, co pokazuje fioletowa strzałka. Zgodnie z trzecim prawem Newtona mała czerwona kula przeciwdziała fioletowej sile o równej wielkości, ale o przeciwnym kierunku. Środek zaradczy jest oznaczony niebieską strzałką. Miernik siły mierzy działanie i przeciwdziałanie.

Znana jest masa czerwonej kuli odniesienia, zmierzono już wielkość fioletowej siły działającej na nią. Korzystając z drugiego prawa Newtona, oblicza się przyspieszenie małej kuli. Obliczone przyspieszenie małej czerwonej kuli jest równe przyspieszeniu dużej kuli. Jest to tylko jeden ze sposobów określenia przyspieszenia dużej kuli. Ta metoda jest uniwersalna. Możliwe jest użycie różnych ciał testowych, które można umieścić w różnych miejscach dużej kuli. Za pomocą tych ciał testowych zawsze możemy zmierzyć siłę działania i siłę przeciwdziałania, a tym samym określić wielkość siły działającej na konkretne ciało testowe, po czym obliczymy przyspieszenie.

Do określenia przyspieszenia nie stosuje się żadnego układu współrzędnych. Zastosowana przez nas metoda pokazuje, że przyspieszenie **nie zależy** od układu współrzędnych, który porusza się ze stałą prędkością lub znajduje się w stanie spoczynku.

Dlatego Albert Einstein powiedział:

„przyspieszenia i obroty są bezwzględne, niezależne od wyboru układu inercjalnego".

Patrz rysunek 28.

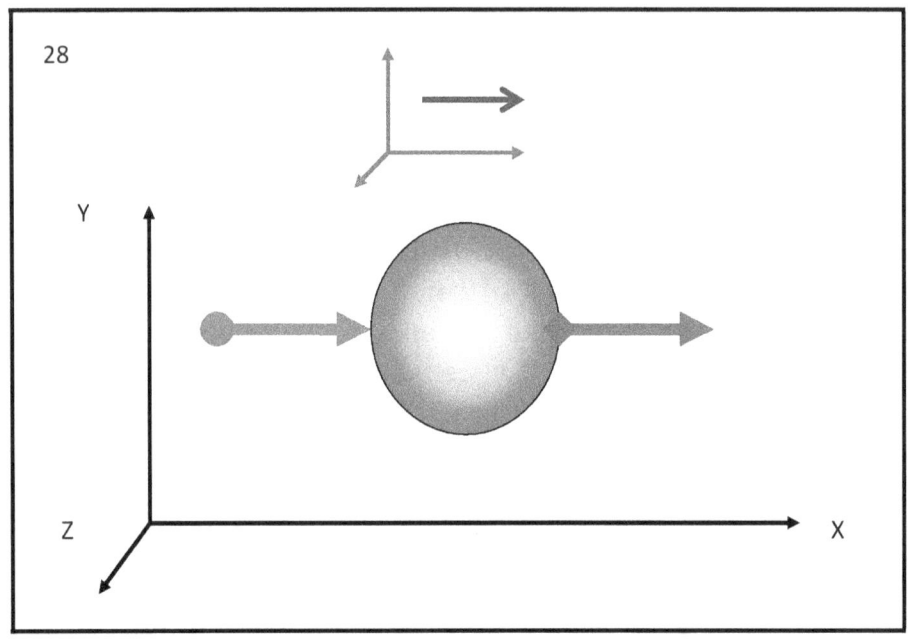

Na rysunku 28 przedstawiono układ współrzędnych utworzony z czarnych strzałek, który znajduje się w spoczynku.

Podano mały układ współrzędnych, który jest wykonany za pomocą zielonych strzałek. Mały zielony układ współrzędnych porusza się względem dużego czarnego układu współrzędnych ze stałą prędkością, równomiernie po linii prostej. Wielkość prędkości i kierunek prędkości w zielonym układzie współrzędnych pokazano niebieską strzałką.

Biorąc pod uwagę kulę, na którą przykładane jest działanie czerwonego pchnięcia. Pod wpływem czerwonego ciągu kula porusza się z przyspieszeniem. Przyspieszenie jest pokazane zieloną strzałką. Kierunek czerwonej siły odpowiada kierunkowi zielonego przyspieszenia. Długość zielonej strzałki wskazuje wielkość przyspieszenia.

Kula porusza się z **tym samym przyspieszeniem** względem dużego czarnego układu współrzędnych i względem małego zielonego układu współrzędnych. Duża czarna jest w spoczynku, mała zielona się porusza, niemniej jednak przyspieszenie kuli jest takie samo w obu układach współrzędnych. Powodem tej równości jest to, że przyspieszenie jest absolutne.

Szczegółowy dowód tego twierdzenia pokazałem w Paradoksie laski. Część szósta. Wydawnictwo E.D.B. Amazonka. To komiks dla dzieci i dorosłych, w którym poprzez rysunki przedstawiłem podstawowe prawa fizyki.

10. ATRYBUCJA RODZAJÓW RUCHÓW.

*****

Wyjaśnienia filozoficzne

Współczesna nauka fizyki definiuje dwa podstawowe rodzaje ruchu, którymi są ruch absolutny i ruch względny.

Pojęcie **absolutu** i pojęcie **względności** są kategoriami filozoficznymi. W naukach humanistycznych związek między tymi dwiema kategoriami jest niejasny. W ogólnym przypadku absolut i względność są sobie przeciwstawne i stawiane w pozycji antagonistycznej sprzeczności. To podejście jest błędne. Absolut i względność stanowią dialektyczną jedność. Kategoria **absolutna** i kategoria **względna** to para kategorii.

Proponuję posłużyć się koncepcją, że dialektyczny związek między kategorią **względną** a kategorią **absolutną** jest następujący :

Absolut odnosi się.

Względne staje się absolutne.

W ten sposób włączają się one w pary kategorii dialektyki Hegla.

*****

Ruchy absolutne są dobrze znane współczesnej fizyce. Mówiłem już, że według Einsteina ruch z przyspieszeniem i ruch obrotowy są ruchami absolutnymi. Relacje pomiędzy różnymi typami ruchów absolutnych są różnorodne i należy je poddać ogólnej analizie filozoficznej, dialektycznej.

W tym celu przeprowadzimy odpowiednie eksperymenty myślowe.

Patrz rysunek 29.

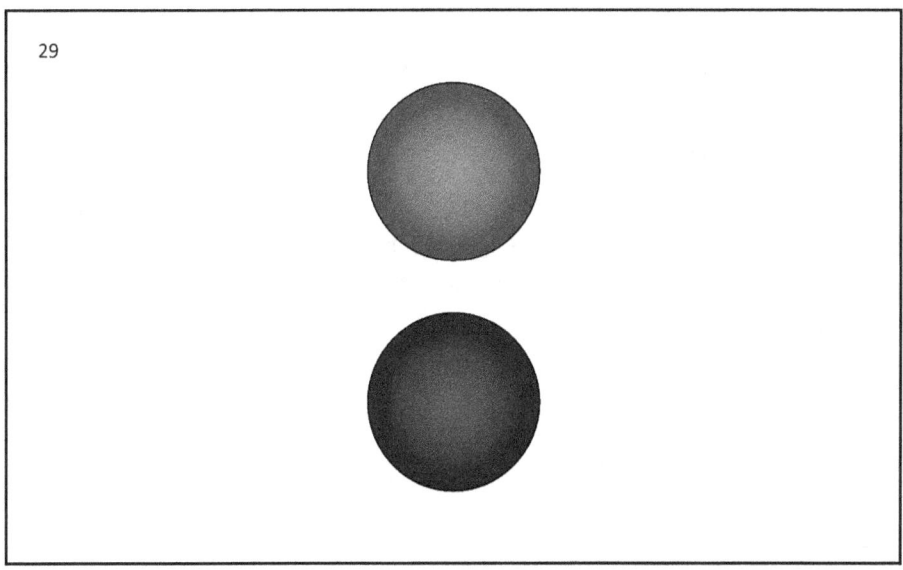

Na rysunku 29 pokazane są dwie kule. Zielona kula i niebieska kula. Kule są tej samej wielkości i mają tę samą masę. Obie kule pozostają **względem siebie w spoczynku**. Na rysunku nie pokazano żadnego układu współrzędnych.

*****

Komentarze filozoficzne:

Kiedy my, osoby przeprowadzające eksperyment, mówimy „ **w spoczynku względem siebie** ", oznacza to, że my, **badani** , nie potrzebujemy układu współrzędnych, aby udowodnić stan spoczynku pomiędzy dwiema sferami.

Oznacza to, że **obiekty** eksperymentu, którymi są dwie sfery, nie potrzebują układu współrzędnych, aby udowodnić, pokazać, ustalić stan spoczynku obu sfer.

Na rysunku nie pokazano żadnego układu współrzędnych.

Oznacza to, że stan spoczynku pomiędzy dwiema sferami zależy tylko i wyłącznie od obu sfer oraz od **stosunku** jednej sfery do drugiej. Warunki fizyczne, w jakich zachodzi relacja pomiędzy obiema sferami, są z góry definiowane przez osobę przeprowadzającą doświadczenie.

Pojęcie **postawy** jest kategorią filozoficzną. Akt **powiązania** obu sfer dowodzi, pokazuje, ustanawia stan spoczynku, który obiektywnie **istnieje** pomiędzy obiema sferami. Obiektywne istnienie stanu spoczynku, w określonych warunkach, absolutyzuje stan spoczynku pomiędzy obiema sferami. Prawidłowe zdanie to:

względem siebie w stanie absolutnego spoczynku .

Stan absolutnego pokoju między obiema sferami jest możliwy tylko i wyłącznie poprzez relację jednej sfery do drugiej i odwrotnie.

*****

My, osoby przeprowadzające eksperyment, przykładamy siłę do dwóch kul będących przedmiotem eksperymentu.

Zobacz rysunek 30.

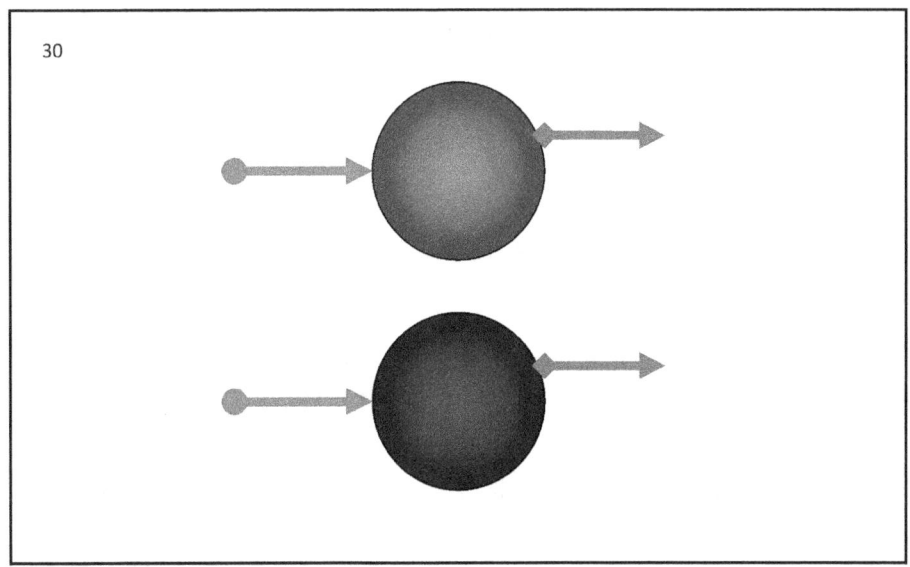

30

Na rysunku 30 widać, że na dwie kule działają dwie równe, czerwone siły pchające. Na rysunku nie ma układu współrzędnych. Długość dwóch czerwonych strzałek jest taka sama.

Dwie siły pchające są przykładane jednocześnie do obu kul. Obie kule jednocześnie zaczynają poruszać się z przyspieszeniem. Przyspieszenie pokazano zielonymi strzałkami. Przyspieszenie obu kul jest takie samo. Długość zielonych strzałek jest taka sama.

*****

Komentarze filozoficzne:

Z filozoficznego punktu widzenia obie sfery podlegają eksperymentowi. Badacze przeprowadzający eksperyment są podmiotami eksperymentu. My, badani, obserwujemy i analizujemy ruch kul. Obserwowanie, mierzenie i analizowanie są formami **refleksji** . **Refleksja** jest kategorią filozoficzną, którą określiliśmy w ramach definicyjnych. Odbicie przedmiotu przez podmiot jest zawsze subiektywne.

Zobacz w Internecie: Akademik Todor Pavlov, „Teoria refleksji".

Powiedzieliśmy, że obie sfery znajdują się względem siebie w spoczynku.

Na rysunku **zaobserwowano i odzwierciedlono jednocześnie** dwa różne zjawiska .

Pierwszym zjawiskiem jest to, że obie kule **poruszają się absolutnie** , z tym samym **przyspieszeniem** , obok siebie, w tym samym kierunku.

względem siebie w stanie **względnego spoczynku** . Są to dwa różne zjawiska, które można zaobserwować jednocześnie.

Wyjaśniliśmy już, że do ustalenia tych dwóch zjawisk nie jest nam potrzebny układ współrzędnych.

*****

Mówiłem już, że 11 lipca 1923 roku Einstein wygłosił przemówienie w Göteborgu, przed spotkaniem przyrodników z krajów północnych.

W tym raporcie Einstein mówi:

„W mechanice klasycznej rozróżnienie między ruchami przyspieszonymi i nieprzyspieszonymi jest absolutne. Istnieją tylko prędkości względne zależne od wyboru układu inercjalnego, a przyspieszenia i obroty są bezwzględne, niezależne od wyboru układu inercjalnego.

Z filozoficznego punktu widzenia to stwierdzenie Einsteina podlega poważnej krytyce.

Krytyka sprowadza się do tego, że w przeprowadzanym przez nas eksperymencie obserwujemy zjawisko **względnego spoczynku** dwóch kul poruszających się z **przyspieszeniem absolutnym** .

Powstaje pytanie:

Dlaczego do tej pory w naukach humanistycznych nie zauważono konkretnie, że istnieje stan względnego spoczynku pomiędzy dwiema rzeczami poruszającymi się z absolutnym przyspieszeniem? Jest to moim zdaniem zjawisko o fundamentalnym znaczeniu.

Wykorzystamy ten fakt do stworzenia hipotezy.

Zobacz rysunek 31.

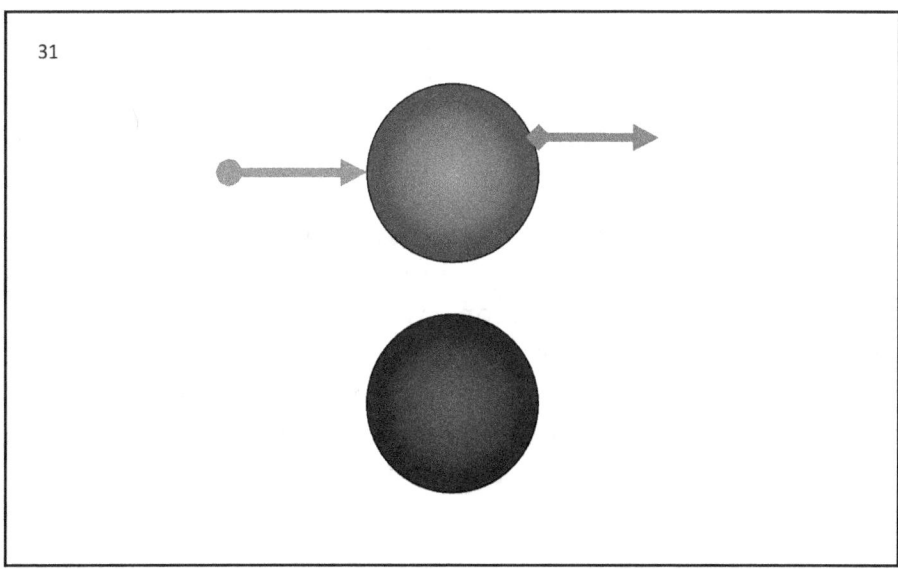

Na rysunku 31 pokazano obie kule. Niebieska kula jest w spoczynku. Do zielonej kuli przykładany jest czerwony pchnięcie. Czerwona kula zaczyna poruszać się z przyspieszeniem względem niebieskiej kuli. Kierunek przyspieszenia jest pokazany zieloną strzałką. Wielkość czerwonej siły jest taka, że zielona kula porusza się z przyspieszeniem jednego metra na sekundę do kwadratu. Ruch przyspieszający zielonej kuli odbywa się względem niebieskiej kuli. Dowodzenie przyspieszającego ruchu zielonej kuli nie wymaga układu współrzędnych. Na rysunku nie pokazano żadnego układu współrzędnych.

Zielona kula porusza się z przyspieszeniem jednego metra na sekundę do kwadratu, a następnie droga, którą przebywa zielona kula, zwiększy się w określony sposób.

Zobacz rysunek 31.

31								
T	0	1	2	3	4	5	6	7
S	0	0,5	2	4,5	8	12,5	18	24,5

Na rysunku 31 przedstawiono tabelę przebytej odległości w zależności od czasu. Górny poziomy rząd tabeli pokazuje czas od rozpoczęcia ruchu, mierzony w sekundach. Dolny poziomy rząd tabeli pokazuje przebytą odległość mierzoną w metrach. Czas wzrasta od zera do siedmiu sekund. Droga wznosi się od zera metrów do dwudziestu czterech metrów i pięćdziesięciu centymetrów. Droga przebyta przez zieloną kulę jest mierzona w stosunku do niebieskiej kuli.

Ruch zielonej kuli jest przedstawiony graficznie w następujący sposób.

Zobacz rysunek 32.

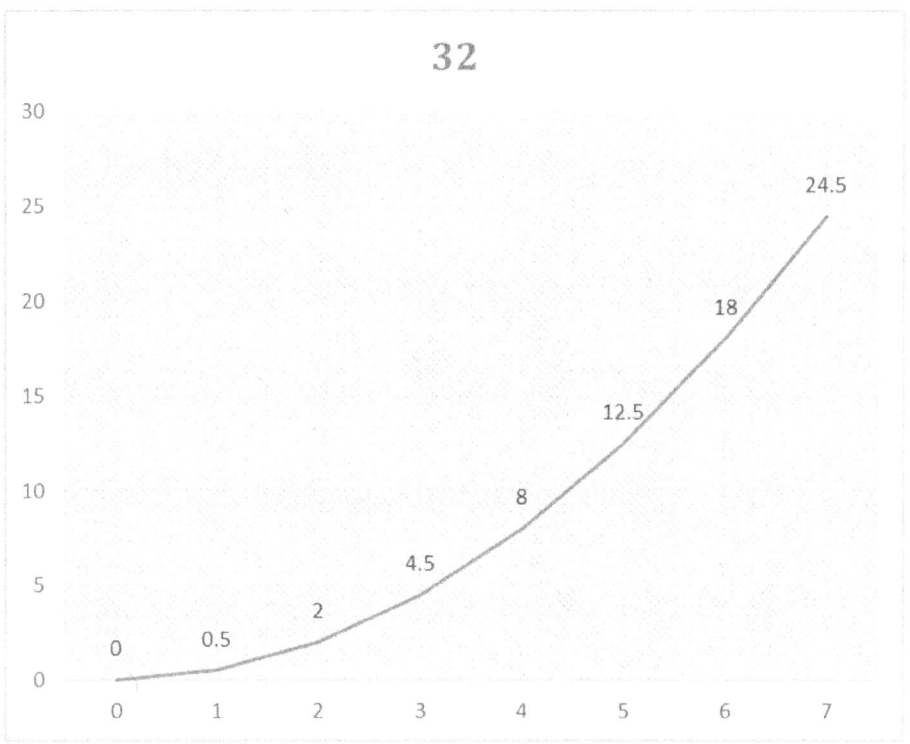

Na rysunku 32 pokazano wykres ruchu zielonej kuli. Oś pionowa układu współrzędnych pokazuje przebytą odległość. Pozioma oś układu współrzędnych pokazuje chwile czasu, od zera do siedmiu sekund. Z rysunku widać, że zły wykres zaczyna się od zera sekund i kończy na końcu siódmej sekundy. Spójrz na wykres.

Sekundę po uruchomieniu zielonej kuli wywieramy czerwony pchnięcie na niebieską kulę.

Zobacz rysunek 33.

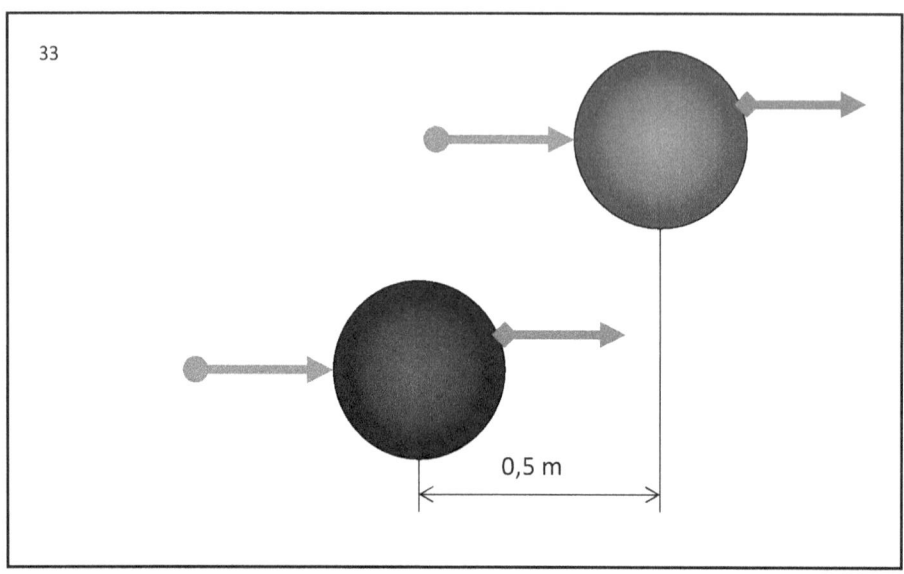

Na rysunku 33 pokazano, że zielona kula nadal jest poddawana czerwonemu pchnięciu, a niebieska kula również została już poddana czerwonemu pchnięciu.

Niebieska kula zaczyna się poruszać z przyspieszeniem jednego metra na sekundę do kwadratu. Działanie czerwonego pchnięcia na niebieską kulę następuje sekundę po rozpoczęciu zielonej kuli. W ciągu jednej sekundy zielona kula odsunęła się od niebieskiej o pół metra. Pokazano to na rysunku. Droga, którą przebyła niebieska kula w danym czasie, jest taka sama jak droga niebieskiej kuli, ale z opóźnieniem wynoszącym jedną sekundę.

Patrz rysunek 34.

34								
$T_{n=1 \div 7}$	1 sec	2 sec	3 sec	4 sec	5 sec	6 sec	7 sec	8 sec
S	0 m	0,5 m	2 m	4,5 m	8 m	12,5	18 m	24,5

Rysunek 34 przedstawia tabelę ruchu niebieskiej kuli. Górny rząd pokazuje punkty czasowe, dolny rząd pokazuje przebyte odległości. Niebieska kula porusza się przez siedem sekund. Liczenie sekund rozpoczyna się z **końcem pierwszej sekundy** i kończy z końcem ósmej sekundy. Mówię to, ponieważ tabela pokazuje osiem sekund, ale niebieska kula pozostaje w spoczynku do końca pierwszej sekundy. Z tabeli widać, że w pierwszej sekundzie liczenia czasu przebyta droga wynosi zero metrów. Niebieska kula rozpoczyna swój ruch na początku drugiej sekundy i porusza się do końca ósmej sekundy. To siedem sekund. W ciągu tych siedmiu sekund niebieska kula pokonuje odległość dwudziestu czterech metrów i pięćdziesięciu centymetrów. Ruch niebieskiej kuli jest przedstawiony graficznie.

Patrz rysunek 35.

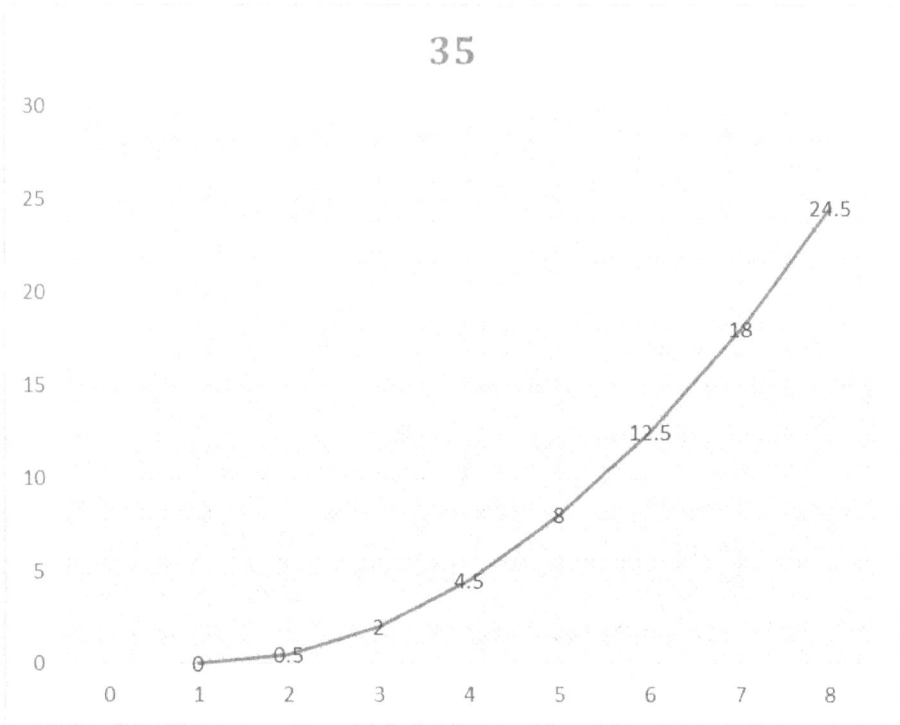

Rysunek 35 pokazuje, że niebieska kula rozpoczęła swój ruch sekundę później niż zielona kula. Wykres pokazuje, że ruch niebieskiej kuli rozpoczyna się pod koniec pierwszej sekundy i trwa do końca ósmej sekundy. Niebieski wykres zaczyna się od drugiego i prowadzi do drugiej ósmej. Spójrz na wykres.

Ruch dwóch kul jest przedstawiony graficznie w następujący sposób:

Zobacz rysunek 36.

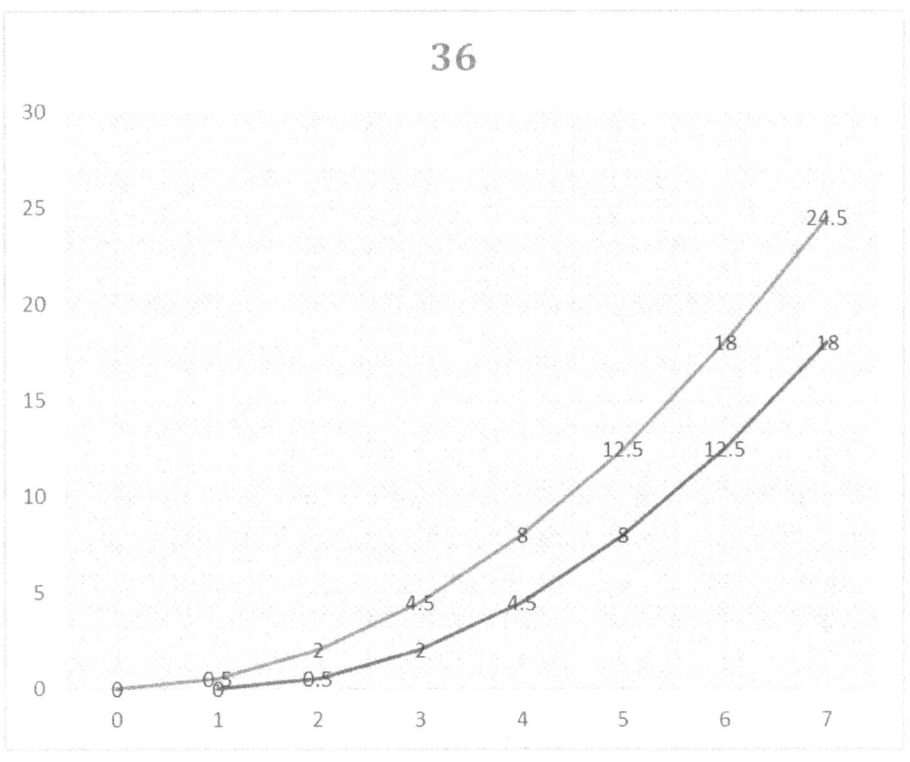

Rysunek 36 przedstawia graficznie równoczesny ruch dwóch kul.

Z wykresu widać, że zielona kula rozpoczyna swój ruch w czasie zero sekund, a niebieska kula rozpoczyna swój ruch w czasie jednej sekundy.

Porównamy drogę przebytą przez niebieską kulę z drogą przebytą przez zieloną kulę.

Patrz rysunek 37.

37

$T_{n=1\div7}$	0	1	2	3	4	5	6	7
S	0	0,5	2	4,5	8	12,5	18	24,5

$T_{n=1\div7}$	1	2	3	4	5	6	7
S	0	0,5	2	4,5	8	12,5	18

Na rysunku 37 widać dwie tabele umieszczone jedna nad drugą. Górny stół jest przeznaczony dla zielonej kuli, dolny stół jest dla niebieskiej kuli. Stoły ułożone są asymetrycznie jeden nad drugim. Dolna tabela jest przesunięta w prawo i pokazana jest odległość przebyta do siódmej sekundy. Tabela jest przesunięta, ponieważ niebieska kula rozpoczęła swój ruch z przyspieszeniem o sekundę później niż zielona kula.

Będziemy śledzić, jak zmienia się odległość między dwiema kulami.

W drugiej sekundzie od rozpoczęcia ruchu przyspieszającego zielona kula znajduje się dwa metry od początku ruchu. Spójrz na czerwone dwa metry. Druga sekunda zielonej kuli jest pierwszą sekundą niebieskiej kuli i znajduje się w odległości pół metra od początku ruchu przyspieszającego. Spójrz na czerwony półmetr. Zatem rzut odległości między dwiema kulami na koniec drugiej sekundy od początku doświadczenia wynosi dwa metry minus pół metra, czyli półtora metra.

Patrz rysunek 38.

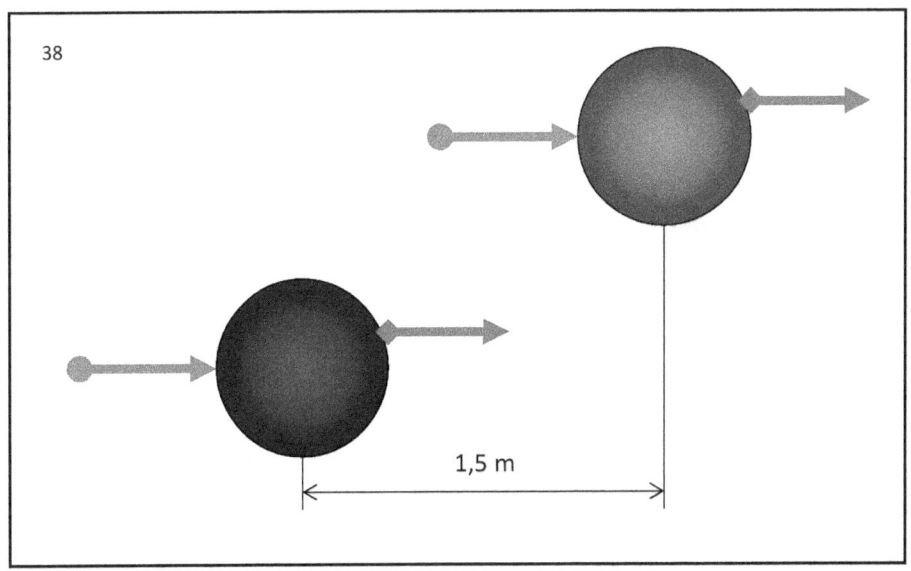

pokazano **rzut odległości pomiędzy dwiema kulami na koniec drugiej sekundy**. Zmieniamy warunki eksperymentu. Ustawiamy obie kule na linii prostej. Kierunek linii prostej pokrywa się z kierunkiem ruchu z przyspieszeniem. Zatem projekcja odległości pokrywa się z odległością.

Patrz rysunek 39.

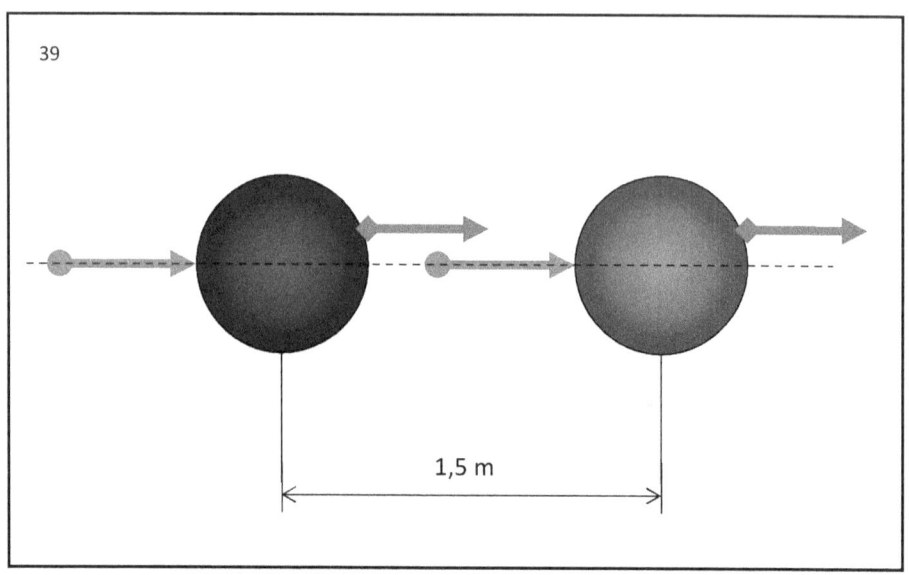

Na ryc. 39 pokazano, że kule ułożone są w linii prostej i poruszają się jedna po drugiej. W ten sposób bezpośrednio określamy odległość pomiędzy dwiema kulami.

Z rysunku wynika, że pod koniec drugiej sekundy odległość wynosi: ($2-0,5=1,5$) metra.

Pod koniec trzeciej sekundy odległość wynosi: ($4,5-2=2,5$) metra.

Pod koniec czwartej sekundy odległość wynosi: ($8-4,5=3,5$) metra.

Pod koniec piątej sekundy odległość wynosi: ($12,5-8=4,5$) metra.

Pod koniec szóstej sekundy odległość wynosi: ($24,5-18=5,5$) metra.

Z dokonanych przez nas obliczeń widać, że odległość między kulami stale rośnie i zmienia się z (1,5) półtora metra, wzrasta do (2,5) dwóch i pół metra, następnie (3,5) trzech i pół metra pół i (4,5) cztery i pół i pięć i pół (5,5).

Co sekundę odległość między kulami zwiększa się o jeden metr.

Oznacza to, że kule poruszają się względem siebie **równomiernie po linii prostej**, z prędkością jednego metra na sekundę.

Wyniki w tabeli można przedstawić graficznie.

Zobacz rysunek 40.

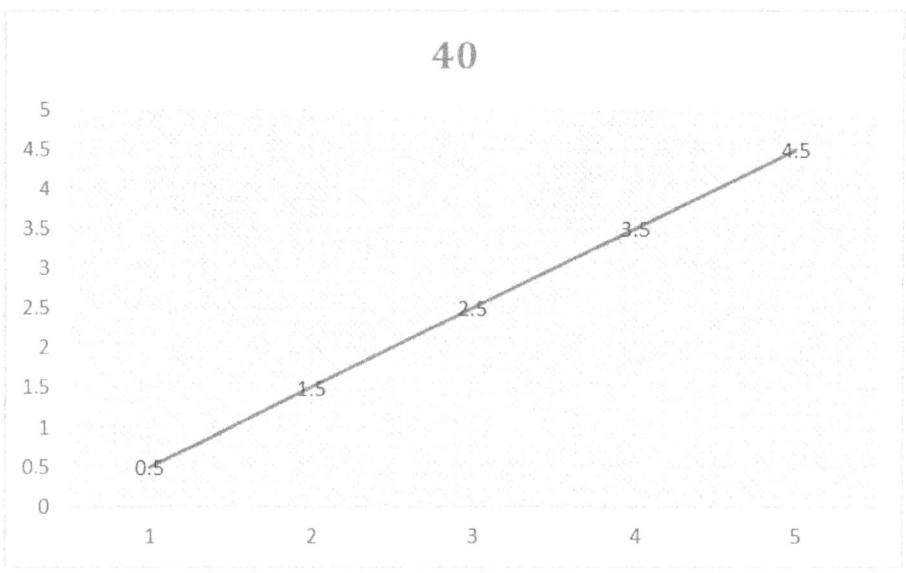

Rysunek 40 pokazuje, jak odległość pomiędzy niebieską kulą a zieloną kulą zmienia się w czasie.

Wykres pokazuje, że obie kule poruszają się względem siebie równomiernie i po linii prostej z prędkością jednego metra na sekundę.

Powstaje teraz pytanie: czy można przeprowadzić eksperyment, który pokaże inną prędkość między dwiema kulami?

Odpowiedź brzmi: tak, jest to możliwe.

W tym celu zmieniamy warunki przeprowadzanego przez nas eksperymentu myślowego. Zwiększamy czas opóźnienia startu niebieskiej kuli. Na niebieską kulę działamy siłą z opóźnieniem równym dwie sekundy po starcie zielonej kuli.

Patrz rysunek 41.

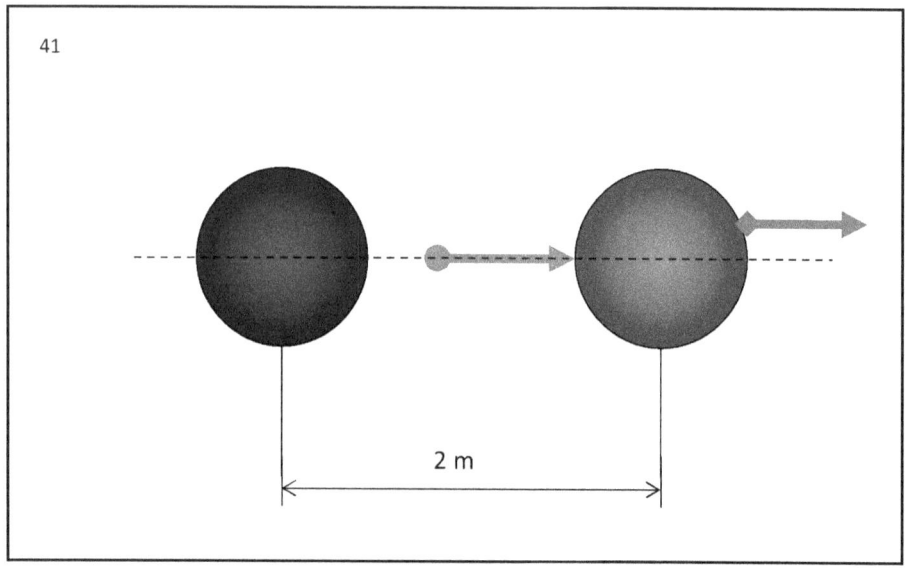

Na Rycinie 41 niebieska kula jest pokazana w spoczynku. Do zielonej kuli przykładany jest czerwony pchnięcie. Zielona kula porusza się z przyspieszeniem jednego metra na sekundę do kwadratu. Dwie sekundy po starcie zielona kula przebędzie odległość dwóch metrów.

Patrz rysunek powyżej i patrz rysunek poniżej 42.

42

$T_{n=1\div7}$	0 sec	1 sec	2 sec	3 sec	4 sec	5 sec	6 sec	7 sec
S (m)	0 m	0,5 m	2 m	4,5 m	8 m	12,5	18 m	24,5

Na rycinie 42 pokazano tabelę odległości, jaką pokonuje zielona kula w zależności od czasu. Wykres ruchu zielonej kuli jest taki sam jak w pierwszym przypadku.

Patrz rysunek 43.

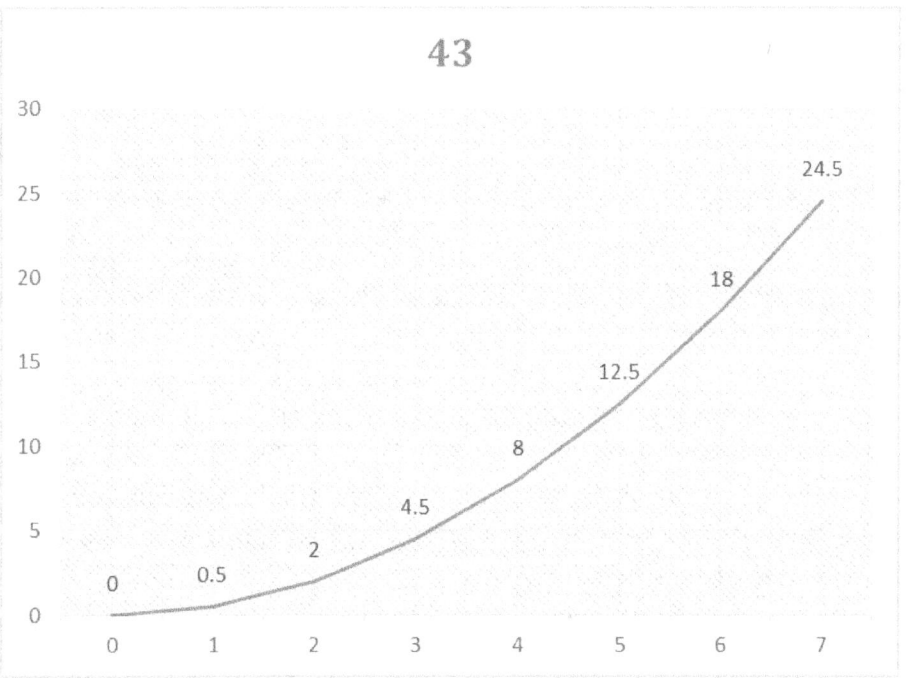

Na Rycinie 43 widać, że zielona kula rozpoczyna swój ruch w chwili zera sekund i przyspiesza aż do końca siódmej sekundy.

Pod koniec drugiej sekundy od początku ruchu zielonej kuli odległość pomiędzy kulami wynosi dwa metry, po czym na niebieską kulę przykładamy czerwony pchnięcie.

Zobacz rysunek 44.

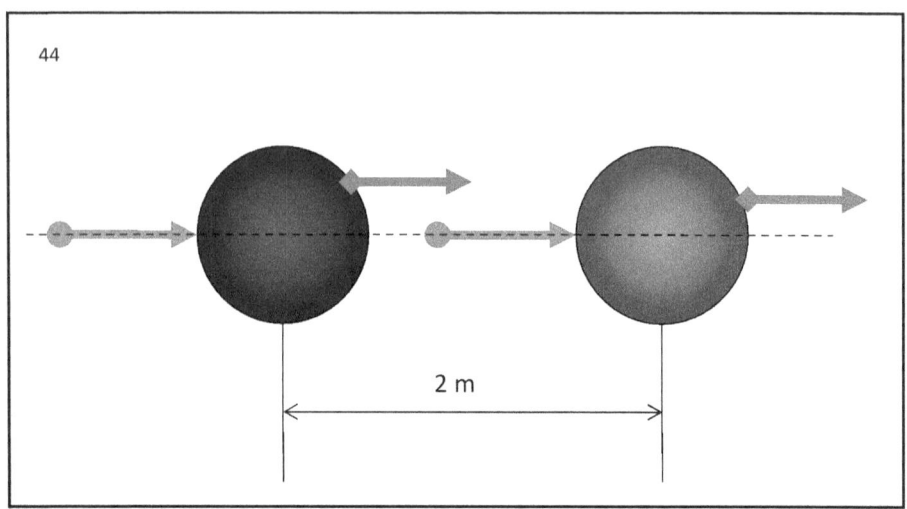

Na Rycinie 44 widać, że dwie sekundy po wystrzeleniu zielonej kuli, gdy zielona kula znajduje się dwa metry od niebieskiej kuli, na niebieską kulę przykładany jest czerwony ciąg. Niebieska kula porusza się za zieloną kulą. Kierunek ruchu niebieskiej kuli odpowiada kierunkowi ruchu zielonej kuli. Obie kule leżą na linii prostej. Niebieska kula zaczyna się poruszać z przyspieszeniem jednego metra na sekundę do kwadratu, ale rozpoczyna swój ruch pod koniec drugiej sekundy.

Patrz rysunek 45

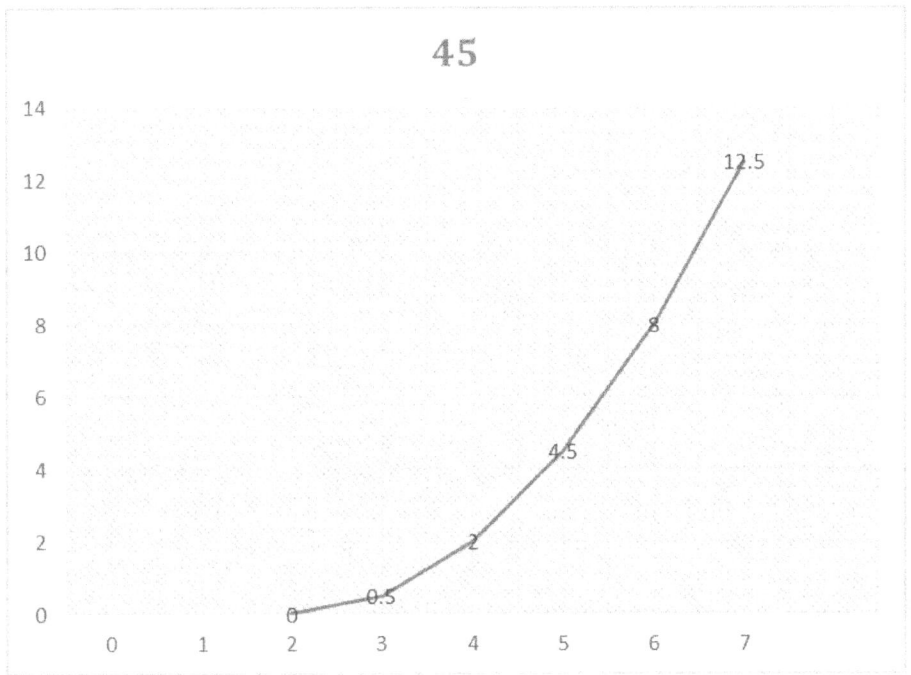

Na rysunku 45 pokazano wykres ruchu zielonej kuli. Wykres pokazuje, że niebieska kula rozpoczyna swój ruch w drugiej sekundzie i porusza się aż do końca drugiej siódmej.

Patrz rysunek 46.

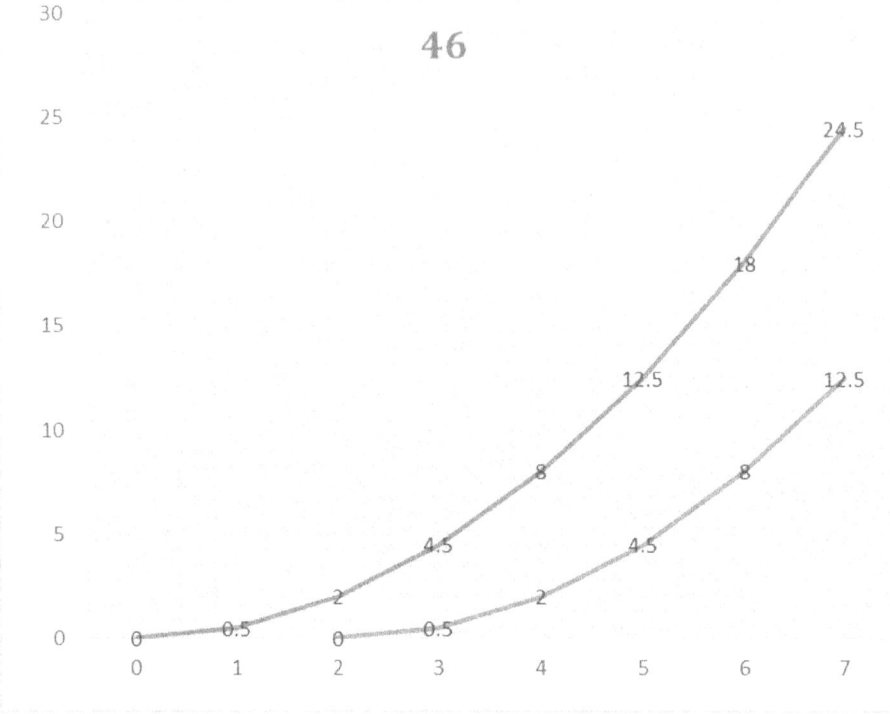

46

Na rysunku 46 przedstawiono graficznie ruch dwóch kul. Niebieski rozpoczyna ruch od przyspieszenia w drugim zera i kończy w drugim siódmym. Zielony zaczyna się od drugiego drugiego, a kończy na drugim siódmym.

Porównujemy tablice ścieżki i czasu obu sfer.

Patrz rysunek 47.

47

$T_{n=1\div7}$	0 sec	1 sec	2 sec	3 sec	4 sec	5 sec	6 sec	7 sec
S (m)	0 m	0,5 m	2 m	4,5 m	8 m	12,5	18 m	24,5

		$T_{n=1\div7}$	2 sec	3 sec	4 sec	5 sec	6 sec	7 sec
		S (m)	0 m	0,5 m	2 m	4,5 m	8 m	12,5

Na rysunku 47 pokazane są dwie tabele. Powyższa tabela znajduje się na zielonej kuli. Dno niebieskiej kuli. Tabele są przesunięte w taki sposób, że wyniki drogi i czasu na zielonej kuli są porównywane z wynikami na niebieskiej kuli.

Odległość między dwiema kulami zwiększa się w następujący sposób:

Pod koniec drugiej sekundy odległość wynosi (2-0=2) dwa metry.

Pod koniec trzeciej sekundy odległość wynosi (4,5-0,5 = 4) cztery metry

Pod koniec czwartej sekundy odległość wynosi (8-2=6) sześć metrów.

Pod koniec piątej sekundy odległość wynosi (12,5-4,5=8) osiem metrów.

Pod koniec szóstej sekundy odległość wynosi (18-8=10) dziesięć metrów.

Pod koniec siódmej sekundy odległość wynosi (24,5-12,5=12) dwanaście metrów.

Z każdą kolejną kunda odległość pomiędzy dwiema kulami zwiększa się o dwa metry. Oznacza to, że obie kule poruszają się względem siebie z prędkością dwóch metrów na sekundę.

Patrz rysunek 48.

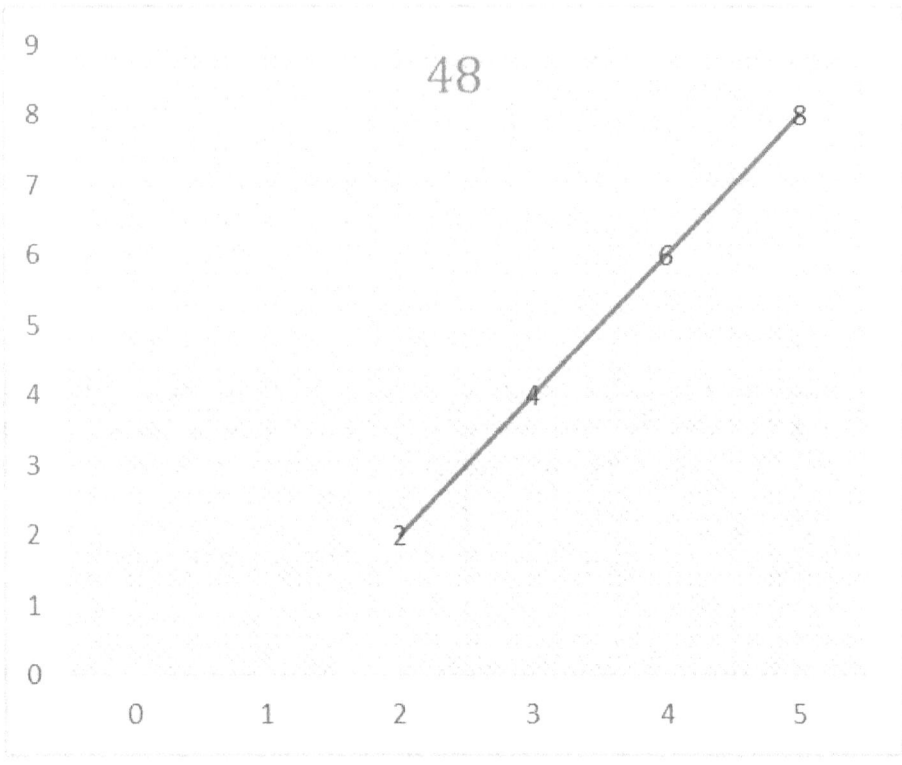

Na ryc. 48 pokazano równomierny, prostoliniowy ruch dwóch kul względem siebie. Zielona kula porusza się względem niebieskiej z prędkością dwóch metrów na sekundę.

Ruch rozpoczyna się w drugiej drugiej i kończy w drugiej siódmej.

Przeprowadziliśmy eksperymenty, które wykazały, że jesteśmy w stanie uzyskać różne prędkości względne pomiędzy dwiema kulami. Wynik ten pozwala nam wyprowadzić prawo naturalne, które stwierdza, że:

Jednostajny ruch prostoliniowy pomiędzy dwoma ciałami

fizycznymi można zawsze przedstawić jako ruch z przyspieszeniem tych dwóch ciał fizycznych.

Oznacza to, że każdy **ruch względny** można przedstawić za pomocą **ruchu absolutnego** z przyspieszeniem.

Z filozoficznego punktu widzenia ostateczny wyrok jest dziwny i wymaga dalszej analizy oraz odpowiednich wniosków i wniosków. Wyciągnięte wnioski przyczynią się do wzbogacenia niektórych kategorii filozoficznych. Zostanie to zrobione na późniejszym etapie prowadzonego przez nas procesu badawczego.

11. WRAŻENIE DZIAŁANIA SIŁY.

W otaczającej nas rzeczywistości jest jeszcze jeden fakt, na który trzeba zwrócić szczególną uwagę. Mówimy o zjawisku „odczucia przyspieszenia" i „odczucia działania siły", które można połączyć w jedno, zjawisko określane jako „odczucie działania siły i ruchu z przyspieszeniem". Jest to część codziennego życia każdego człowieka, dlatego zawsze jest jasne dla wszystkich, że kiedy pociąg rusza, pasażerowie w nim „odczuwają" to poprzez pchnięcie, jakie otrzymują w pierwszej chwili, oraz siłę działającą później, co ma kierunku przeciwnym do kierunku jazdy. W tym przypadku nikogo nie dziwi fakt, że plecy siedzących pasażerów dociskane są do oparć pociągu.

Przyczyną tego zjawiska jest siła bezwładności, zwana czasem siłą fikcyjną.

Wszystko, co dotychczas powiedziano, jest zgodne z trzecim prawem Newtona, które głosi, że na każdą akcję przypada równa i przeciwna reakcja.

Do tych rozważań musimy dodać drugie prawo Newtona, z którego jasno wynika, że gdy ciało ma pewną masę działa siła, ciało zaczyna poruszać się z przyspieszeniem .

I rzeczywiście, pasażerowie pociągu, już po spojrzeniu za okno, od razu rozumieją, że poruszają się z coraz większą prędkością, czyli stałym przyspieszeniem.

Celowo oddzielamy „odczucie działania siły i ruchu wraz z przyspieszeniem" na niezależne zjawisko posiadające własną istotę, którą musimy zrozumieć.

Powstaje pytanie, co jest przyczyną zjawiska „odczucia

TRZECI BŁĄD EINSTEINA

działania siły i ruchu z przyspieszeniem"? Odpowiedź na postawione przez nas pytanie jest taka, że zjawisko „odczucia działania siły i ruchu z przyspieszeniem" jest wynikiem złożonego **działania drugiej i trzeciej zasady Newtona**.

Rozważmy teraz windę, w której znajdują się pasażerowie, i niestety w pewnym momencie lina pęka.

Patrz rysunek 49.

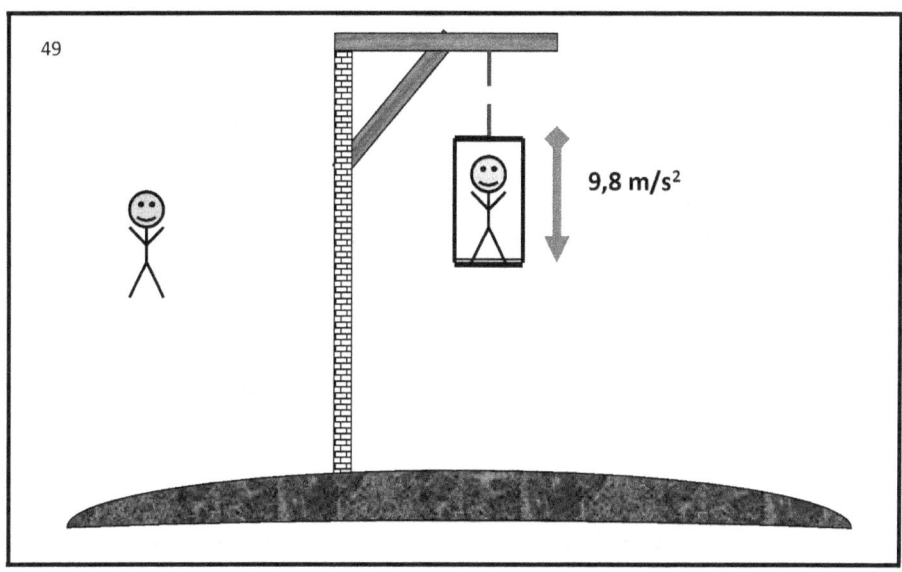

Na rycinie 49 pokazano część powierzchni ziemi, mocną pionową podporę, na której zamocowana jest pozioma belka. Winda jest przywiązana liną do dźwigara. Lina jest zerwana. Dla nas nie jest istotne, czy w chwili zerwania liny winda była w ruchu, czy w spoczynku. Ważne jest to, że winda zacznie opadać w stronę powierzchni ziemi i będzie się poruszać z przyspieszeniem dziewięciu pełnych ośmiu dziesiątych metra na sekundę do kwadratu. Powodem tego upadku z przyspieszeniem jest to, że winda i znajdujący się w niej pasażerowie znajdują się w polu grawitacyjnym Ziemi i doświadczają działania siły przyciągania grawitacyjnego Ziemi.

Ilościowa charakterystyka tej siły została pokazana przez Newtona i jest znana jako prawo przyciągania grawitacyjnego:

Siła przyciągania grawitacyjnego między dwoma ciałami jest równa masie pierwszego ciała pomnożonej przez masę drugiego ciała podzielonej przez kwadrat odległości między nimi.

Pasażerowie windy nie mają „odczucia działania siły przyciągania grawitacyjnego Ziemi". Wręcz przeciwnie, będą przekonani, że znajdują się w spoczynku lub poruszają się ruchem jednostajnie prostoliniowym i że nie działają na nie siły powodujące przyspieszenie. Pasażerowie windy są przekonani, że ich stan określa się zgodnie z pierwszym prawem Newtona:

Kiedy na ciało nie działa żadna siła, znajduje się ono w stanie spoczynku lub jednostajnym ruchu prostoliniowym .

Należy zauważyć, że podobne eksperymenty myślowe z windami przeprowadził Einstein, aby wyjaśnić naturę inercyjnych i nieinercyjnych układów odniesienia. Te eksperymenty myślowe są niezwykle ważne i dzięki odpowiedniej analizie mogą ujawnić podstawowe zależności między ruchem, spoczynkiem, względnością i absolutnością.

Na początku naszej prezentacji zdefiniowaliśmy wyraźną zależność potwierdzoną w praktyce:

Zawsze i tylko jednoczesne, złożone działanie drugiej i trzeciej zasady Newtona jest przyczyną zjawiska „wrażenia działania siły i ruchu z przyspieszeniem".

Mamy powód, aby stwierdzić, że w przypadku pasażerów windy złożony efekt drugiej i trzeciej zasady Newtona nie obowiązuje.

Drugie i trzecie prawo Newtona leżą u podstaw fizyki. Te dwa prawa są zasadniczo uniwersalne i z konieczności obejmują wszystkie możliwe zjawiska w Jednej Nieskończonej Rzeczywistości. Jednoczesne działanie drugiego i trzeciego prawa ukazuje istotę ruchów absolutnych w Jedynej Nieskończonej Rzeczywistości. Nie ma wyjątków.

Należy poznać i wskazać przyczyny, dla których pasażerowie windy nie mają „odczucia działania siły i ruchu wraz z przyspieszeniem".

Zobacz rysunek 50.

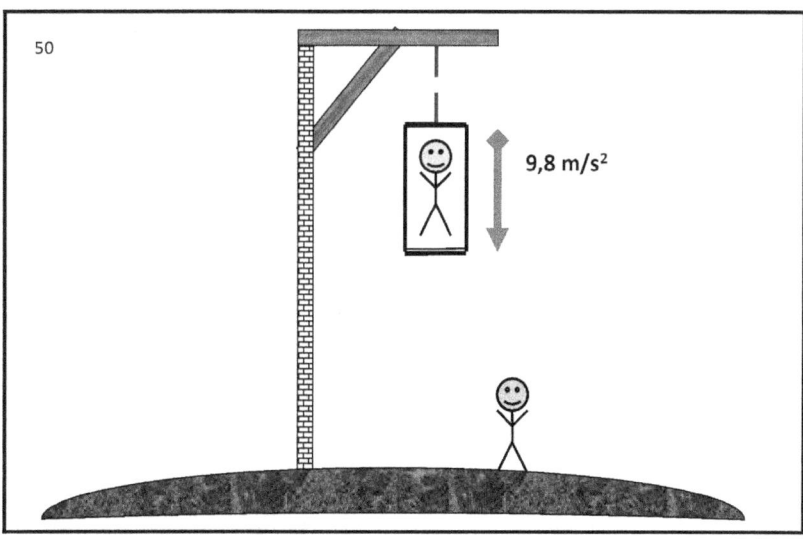

Rysunek 50 przedstawia ramę nośną, zerwaną linę, windę i znajdującego się w niej pasażera. Winda spada na Ziemię. Winda nie ma okien, a pasażer nie może zrozumieć, co się z nim dzieje. Pasażer ma wrażenie, że znajduje się w stanie nieważkości. Podróżnik dochodzi do wniosku, że znajduje się w głębokim kosmosie, a jego stan opisuje pierwsze prawo Newtona. Pasażer jest przekonany, że na windę nie działa żadna siła, winda jest w spoczynku, winda znajduje się w stanie nieważkości.

Na Ziemi jest druga osoba obserwująca spadającą windę.

Istnieje połączenie telefoniczne pomiędzy pasażerem a obserwatorem.

Obserwator dzwoni do telefonu i mówi pasażerowi, że spada, a gdy uderzy o ziemię, najprawdopodobniej umrze. Podróżny odpowiada, że to nieprawda i że znajduje się w stanie nieważkości, jest w spoczynku i że obserwator popełnia jakiś błąd.

Obserwator odpowiada, że nie ma w tym żadnej pomyłki, że twardo stąpa po powierzchni ziemi, czuje swój ciężar i patrzy, jak winda spada.

Pasażer uśmiecha się i mówi, że jeśli naprawdę czujesz ciężar, to dlatego, że zbliżasz się do mnie z przyspieszeniem. Masz halucynacje lub śnisz. Taka jest prawda.

Patrz rysunek 51.

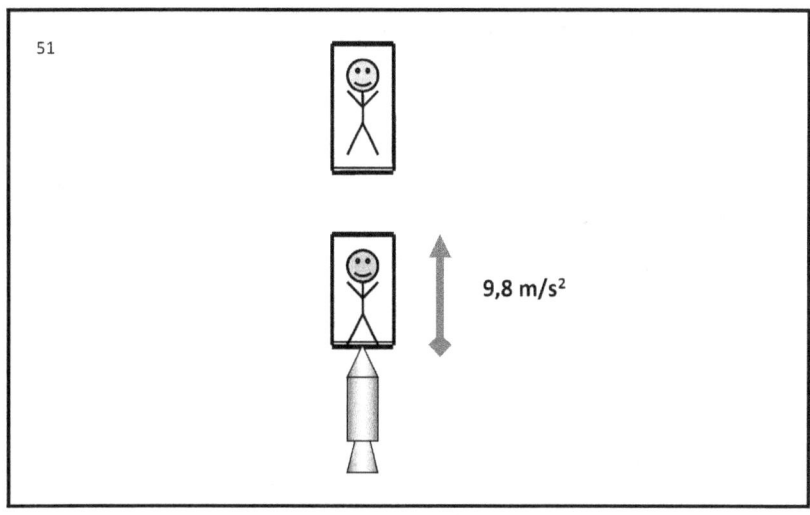

Rysunek 51 przedstawia pasażera w windzie, obserwatora znajdującego się w drugiej windzie. Na dole drugiej windy umieszczona jest rakieta, która pcha windę z obserwatorem do góry. Winda z obserwatorem porusza się z przyspieszeniem dziewięciu całości i ośmiu dziesiątych metra na sekundę do kwadratu.

Pasażer górnej windy dzwoni do obserwatora i pyta, co teraz robi.

Obserwator odpowiada, że znajduje się w windzie jadącej z przyspieszeniem w górę.

Pasażer pyta go, co czuje.

Obserwator mówi, że stanął pewnie na dnie windy i odczuwa działanie siły i ruchu wraz z przyspieszeniem, tak samo, jak wtedy, gdy stąpał po powierzchni ziemi.

Pasażer górnej windy odpowiada, że to prawdziwy stan ruchu i że to już nie sen.

Obserwator zadaje sobie pytanie, dlaczego jest to stan prawdziwy.

Pasażer odpowiada, że jest pewien, bo obowiązuje zasada, która mówi:

Zawsze i tylko jednoczesne, złożone działanie drugiej i trzeciej zasady Newtona jest przyczyną zjawiska „wrażenia działania siły i ruchu z przyspieszeniem".

Tak zdefiniowana zasada ukazuje różnicę pomiędzy ruchami względnymi i absolutnymi zachodzącymi w Jednej Nieskończonej Rzeczywistości.

Zasada ta pokazuje, że siła określona w drugim prawie Newtona zasadniczo różni się od siły przyciągania grawitacyjnego pomiędzy ciałami.

12. SIŁA. PUNKT DZIAŁANIA ZASTOSOWANIA.

Drugie prawo Newtona mówi, że siła działająca na ciało jest równa iloczynowi przyspieszenia i masy ciała poruszającego się z przyspieszeniem.

W tym przypadku działająca siła vingi ma zastosowany punkt działania. Miejscem działania jest określone miejsce na ciele. Miejscem działania jest powierzchnia, na której dociskane są do siebie co najmniej dwa ciała. Ta powierzchnia w fizyce nazywa się punktem zastosowania. Z filozoficznego punktu widzenia koncepcja punktu, za pomocą którego oznacza się zjawisko punktu, podlega poważnej krytyce. Problem polega na tym, że w Jednej Nieskończonej Rzeczywistości nie ma zjawiska punktowego. Pojęcie punktu służy jedynie do określenia ludzkiej abstrakcji w umyśle człowieka. W nauce matematyki używa się pojęcia punktu, które ma pewną treść matematyczną, co znowu jest abstrakcją. W naukach fizycznych pojęcie punktu należy zastąpić pojęciem miejsca.

Tak postąpił Newton w „Matematycznych zasadach fizyki". W „Zasadach" Newton nie użył pojęcia punktu. W „Zasadach" Newton definiuje zjawisko miejsca i używa pojęcia **miejsca** , ilekroć powinien użyć pojęcia punktu.

Fakt ten jest niezwykle istotny dla prowadzonych przez nas badań i należy o nim pamiętać.

13. RODZAJE SIŁ. MANIFESTACJA MOCY. PRZYCZYNA SKUTKU.

We współczesnej fizyce istnieją dwa rodzaje sił. Siły rzeczywiste i siły fikcyjne. Siły fikcyjne pojawiają się i działają, gdy następuje **jednoczesne wzajemne działanie** co najmniej dwóch rzeczy.

Jednoczesne wzajemne działania są oznaczone terminem *ВЗАИМНОДЕЙСТВИЕ*.

Słowo *ВЗАИМНОДЕЙСТВИЕ*, jest napisane cyrylicą słowiańsko-bułgarską.

Sugeruję, aby w języku angielskim używać słowa *MUTUALISACTION*.

Mam nadzieję, że specjaliści w tej dziedzinie przyjmą moją sugestię i w razie potrzeby powołają się na jej pochodzenie.

Słowo *ВЗАИМНОДЕЙСТВИЕ*

= *MUTUALISACTION*, jest czasownikiem i oznacza równoległe, jednoczesne działania wykonywane przez **całość**. Pojęcie **interakcji** = *ВЗАИМНОДЕЙСТВИЕ* = *MUTUALISACTION* jest kategorią filozoficzną. Poprzez kategorię **interakcja** = *MUTUALISACTION* wskazuje się na wzajemne działanie dwóch całości. Każda z dwóch oddziałujących na siebie całości jest zawsze całością, częścią **całości** Jednej Nieskończonej Rzeczywistości.

Cała część Jednej Nieskończonej Rzeczywistości jest zdeterminowana przez absolutny ruch, jaki ta część wykonuje w stosunku do całej Jednej Nieskończonej Rzeczywistości.

Siły fikcyjne pojawiają się i działają, gdy jakiś ruch absolutny jest powiązany z innym ruchem absolutnym. Typowymi przykładami są ich wygląd, siła Coriolisa, siła kubka i sposób, w jaki obiekty mechaniki kwantowej oddziałują ze sobą.

Siła Coriolisa występuje, gdy bezwzględny ruch obrotowy planety Ziemia jest powiązany z bezwzględnym ruchem wahadła Foucaulta.

Siła misy występuje, gdy bezwzględny ruch obrotowy misy wokół jakiegoś środka jest powiązany z ruchem obrotowym platformy wokół jej własnego środka.

Siła obrotu na tylnej części miseczki pojawia się, gdy bezwzględny ruch obrotowy **całej** miseczki wokół jakiejś osi odnosi się do bezwzględnego ruchu obrotowego całej **strzałki** , wskazującej kierunek siły odśrodkowej, wokół tej samej osi .

Uwaga: ostatnie dwa sądy wyjaśniono w poście Ciemna energia, ciemna materia.

Typowe przypadki **interakcji** =

MUTUALISACTION,

zachodzą pomiędzy obiektami mechaniki kwantowej. Nauka mechaniki kwantowej bada i opisuje, w jaki sposób jeden cały kwant wiąże się z innym całym kwantem poprzez zjawisko

MUTUALISACTION .

W ten sposób kwant staje się **całością** w czasie i **całością** w przestrzeni. Zatem kwant może wykonywać

MUTUALISACTION$_i$

zmieniać **kwant** w porcjach, co jest **zmianą stanu** . Zatem każdy **kwant** , zmiana **stanu** , jest wielokrotnością kwantu Plancka, czyli stałej h .

Zmiana **stanu** kwantu **obejmuje** wszystkie **części** całego **kwantu** , przy czym **cały** kwant oddziałuje z **całą Jedną Nieskończoną Rzeczywistością** , **całość** z **całością** .

Zmiana stanu następuje w **teraźniejszości** i jest logicznie absolutnie jednoczesna dla **wszystkich**, Jednej, Nieskończonej, Rzeczywistości.

W tym sensie chwila teraźniejszości jest przedziałem czasu równym zeru i oddziela przeszłość od przyszłości.

Absolutna teraźniejszość jest względna tylko i wyłącznie ogólnie **w stosunku do** przeszłości i tylko i tylko ogólnie **w stosunku do** przyszłości. W ten sposób pojawiają się równoległe zmiany rzeczywistości. I to znowu jest **zmiana stanów** poprzez interakcje=

MUTUALISACTION .

Same zmiany równoległe otrzymują byt w jedynej teraźniejszości, gdzie i w której można odnosić się do siebie, całości do innych całości. Są to relacje pewnych **całości** do innych **całości** . Całe części mogą być różnymi **całymi częściami** całości lub różnymi **całymi częściami** różnych **całości** .

Zmiana stanów jest procesem udowadniającym istnienie logicznie absolutnej jednoczesności i w związku z tym pojawia się niezwykle ważne pytanie:

Co jest nośnikiem tej jednoczesności, lub inaczej mówiąc, jakie jest zjawisko, za pomocą którego można tę jednoczesność przekształcić, sprowadzić do wymiernej wielkości fizycznej?

Odpowiedź na te dwa pytania sprowadza się do znalezienia dowodów fizycznych, danych empirycznych i faktów wskazujących jednoznacznie na istnienie nośnika ruchów równoległych, które we współczesnej nauce znane są jako działanie na odległość, w klasycznej mechanice Newtona lub jako działanie nielokalne. interakcja w mechanice kwantowej, czy jako ruch z nieskończenie dużą prędkością w teorii względności, która w naszej hipotezie jest **zmianą stanów, poprzez interakcję** =

MUTUALISACTION .

Po raz kolejny trzeba zwrócić uwagę na fakt, że współczesna nauka nie jest w stanie wskazać nośnika zmiany stanu

MUTUALISACTION

interakcja, lub co to samo, aby wskazać jakieś nowe pole, które umożliwia nielokalną

MUTUALISACTION

interakcję **między** rzeczami.

W związku z tym i w wyniku analizy proponujemy nazwać nośnikiem odległego działania, oznaczając go terminem **pole wysiłku**.

We współczesnej fizyce panuje pogląd, że odległe działanie to ruch z nieskończenie dużą prędkością. W książce „Drugi błąd Einsteina" wyjaśniłem i udowodniłem, że wyrażenie „**ruch z nieskończenie dużą prędkością** " jest błędne. To, co nauka nazywa „**ruchem z nieskończenie dużą prędkością**", **nie jest prędkością** .

Nie oznacza to jednak, że takie zjawisko nie istnieje. To, co ludzie nazywają „ **ruchem z nieskończoną prędkością** ", jest **zmianą stanów** i jest podstawową właściwością **Jedynej Nieskończonej Rzeczywistości** .

To właśnie ten proces, w wyniku którego następuje **zmiana stanów** , nazywam **wzajemnością**

ВЗАИМНОДЕЙСТВИЕ

MUTUALISACTION

== .

14. ZASADA JEDNOLITOŚCI.

W prezentowanej przeze mnie hipotezie **Zasada Równoważności Einsteina** została zastąpiona **Zasadą Równości** . Oznacza to, że ruch ciała opadającego w polu grawitacyjnym jest **jednostajnie prostoliniowy** , czyli znajduje się w stanie **względnego spoczynku** .

Patrz rysunek 52.

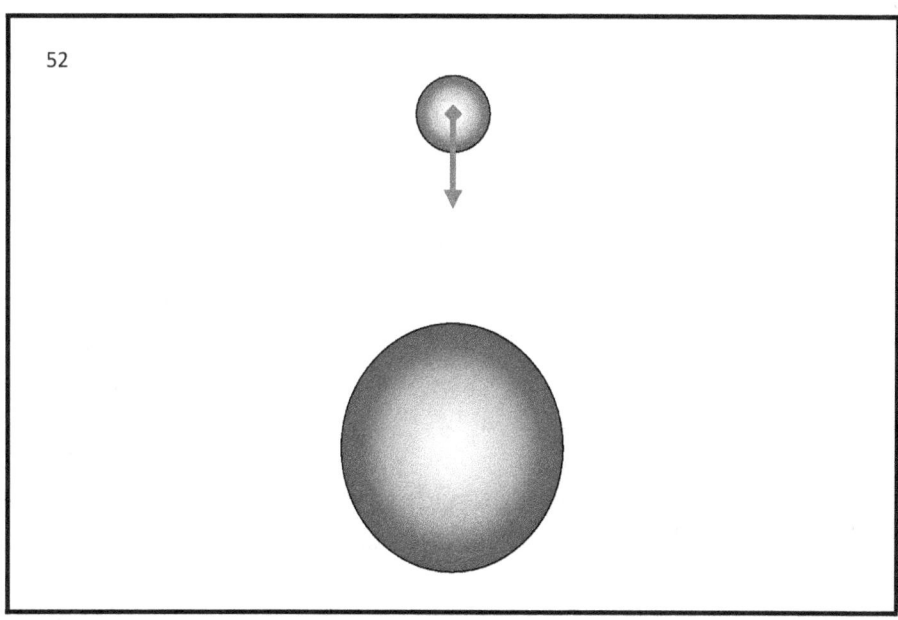

Na rysunku 52 pokazane są dwie kule. Duża kula jest nieruchoma i posiada dużą masę oraz silne pole grawitacyjne. Mała kula „opada" w stronę dużej kuli i porusza się z **przyspieszeniem** , ale nie czuje działania siły i nie czuje, że porusza się z **przyspieszeniem** . Jest to

zasada równoważności Einsteina .

Zastępujemy **zasadę równoważności Einsteina** zasadą **równości** .

Patrz rysunek 53.

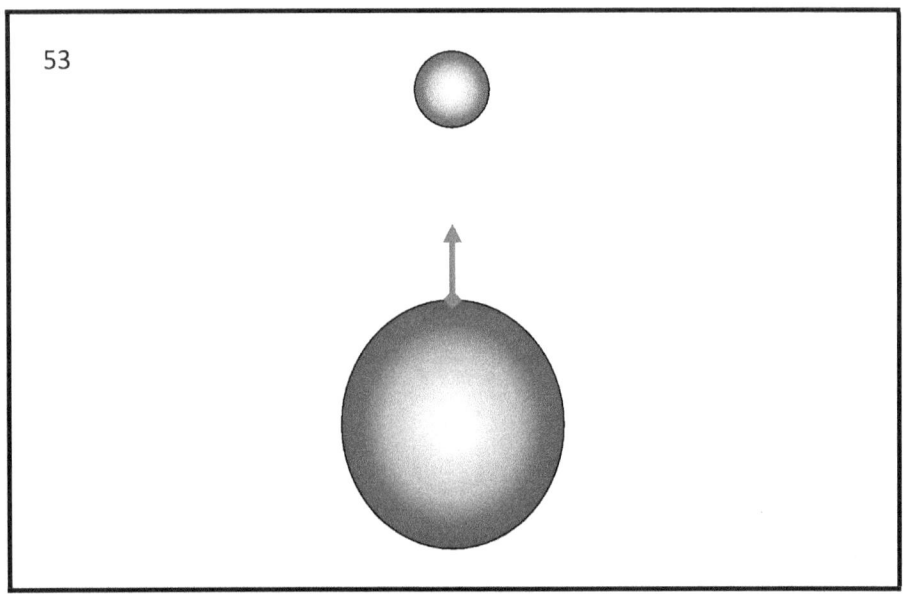

Na rysunku 53 pokazane są dwie kule. Duża kula jest nieruchoma i posiada dużą masę oraz silne pole grawitacyjne. Mała kula nie odczuwa „działania siły" i nie odczuwa „ruchu z przyspieszeniem", zatem mała kula znajduje się w **stanie spoczynku lub jednostajnym ruchu prostoliniowym** . Oznacza to, że powierzchnia dużej kuli porusza się z **przyspieszeniem** w stronę małej kuli. Należy podkreślić, że tylko i wyłącznie **powierzchnia** dużej kuli porusza się z **przyspieszeniem** w stronę małej kuli. Środek dużej kuli jest nieruchomy w stosunku do małej kuli. Z tego co powiedziałem wynika, że wielka kula **stale zwiększa swój promień** i cała powierzchnia wielkiej kuli **oddala się** od środka wielkiej kuli z **przyspieszeniem** . Mówiąc krótko i prosto, duża kula nadmuchuje się jak balon.

Wiem doskonale, że część czytelników będzie stanowczo sprzeciwiać się temu, że to niemożliwe.

Nadal utrzymuję, że jest to możliwe i że:

"GRANICA" całej Jednej Nieskończonej Rzeczywistości oddala się od każdej jej części z coraz większym przyspieszeniem i zmiennym przyspieszeniem.

Warunkiem koniecznym i wystarczającym ciągłego ruchu ze wzrastającym i zmiennym przyspieszeniem jest to, że Jedna Nieskończona Rzeczywistość musi być **nieskończona** . Przypomnę, że na początku wystawy stworzyliśmy obszar definicji.

W sferze definicyjnej zasada czwarta stwierdza: Rzeczywistość jest **nieskończona** .

15. PRZEDSTAWIENIE GRAFICZNE

Jedna Nieskończona Rzeczywistość „rozszerza się" wraz ze wzrostem przyspieszenia. Przyspieszenie przyrostowe jest stałym, całkowitym **przyspieszeniem całkowym** . W określonych miejscach, w Jednej Nieskończonej Rzeczywistości, lokalne przyspieszenie jest inne. Lokalne przyspieszenie może być różnicowo malejące, różnicowo rosnące lub różnicowo stałe. Jedna Nieskończona Rzeczywistość jest przestrzennie trójwymiarowa. Przyspieszenie Przestrzennie trójwymiarowej Jednej Nieskończonej Rzeczywistości odbywa się absolutnie jednocześnie w trzech wymiarach przestrzennych. Trzy wymiary przestrzenne są przedstawiane ludzkiemu myśleniu poprzez trójwymiarowy układ współrzędnych.

Patrz rysunek 54.

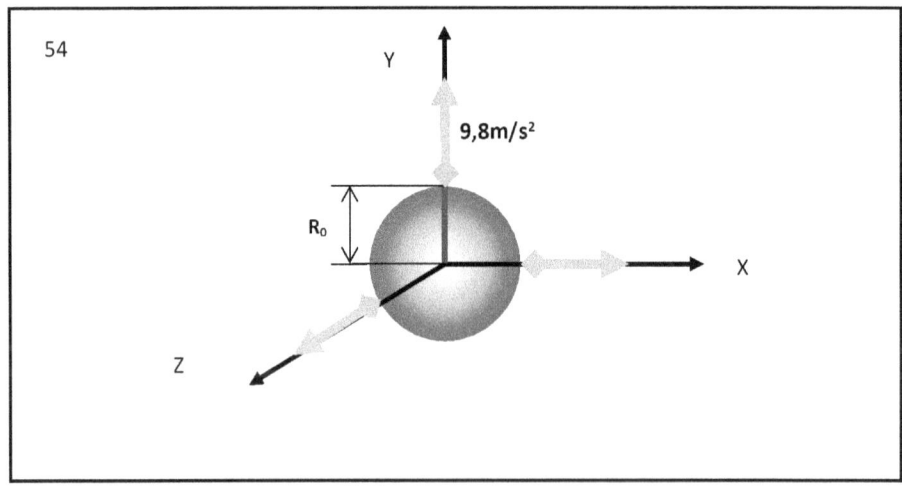

Na rysunku 54 pokazano układ współrzędnych składający się z trzech osi. Początek układu współrzędnych znajduje się w środku kuli.

Układ współrzędnych i kula znajdują się w centrum Jednej Nieskończonej Rzeczywistości. Zakładamy, że kulą jest planeta Ziemia. Przyspieszenie powierzchni Ziemi względem środka planety Ziemia jest równe dziewięć całe osiem dziesiątych metra na sekundę do kwadratu. Przyspieszenie pokazano zieloną strzałką, promień pokazano na niebiesko. Oznacza to, że długość promienia planety Ziemia rośnie wraz z przyspieszeniem równym dziewięć całości i osiem dziesiątych metra na sekundę podniesionym do drugiej potęgi. Oznacza to, że po pewnym czasie wielkość planety Ziemia będzie dwukrotnie większa.

Patrz rysunek 55.

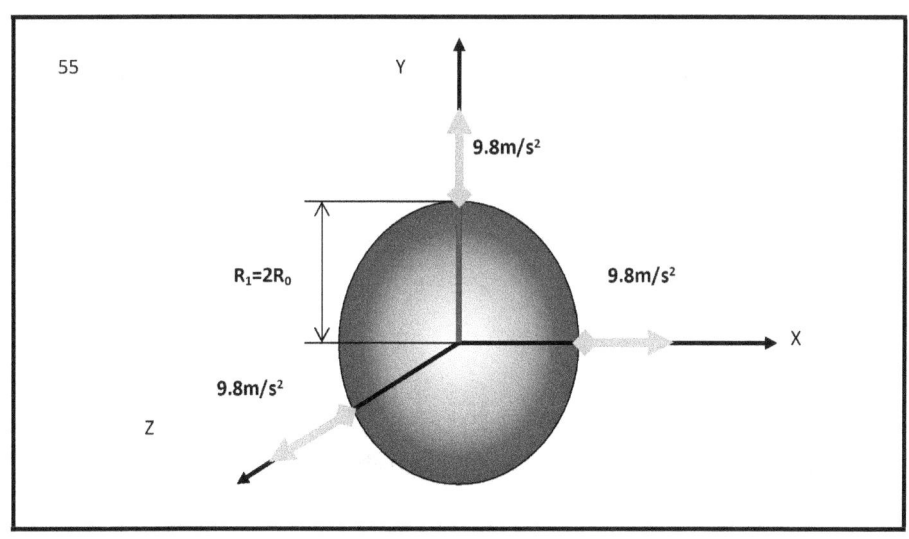

Na rycinie 55 pokazano układ współrzędnych i planetę Ziemię. Promień planety Ziemia jest dwa razy większy.

Inteligentne, myślące istoty ludzkie zamieszkujące planetę Ziemia nie zauważają wzrostu rozmiarów Ziemi. Powodem tego jest to, że wszystkie ciała stałe i obiekty znajdujące się na powierzchni Ziemi powiększają się proporcjonalnie do wzrostu promienia planety Ziemia. Gdy powiększenie jest proporcjonalne, wówczas stosunek wymiarów przestrzennych różnych obiektów nie zmienia się. Stosunek jest stały. Stosunek jest stały.

Gdy stosunek wymiarów przestrzennych jest stały, wówczas przyrządy pomiarowe nie mogą zarejestrować wzrostu wymiarów przestrzennych. Badacze mierzący odległości nie są w stanie tego zauważyć.

Patrz rysunek 56.

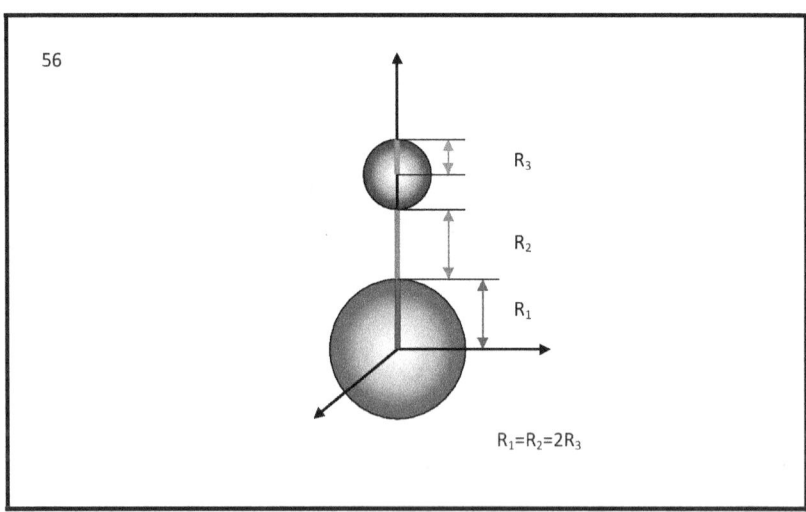

Na rysunku 56 pokazano układ współrzędnych i dwie sfery. Duża kula i mała kula. Duża kula to planeta Ziemia, zanim zwiększyła swój promień. Promień planety Ziemia jest pokazany na niebiesko. Mała kula znajduje się na pionowej osi układu współrzędnych. Promień małej kuli pokazano na czerwono. Promień planety Ziemia jest dwukrotnie większy od promienia małej kuli. Odległość między Ziemią a małą kulą jest pokazana na zielono. Odległość między Ziemią a małą kulą jest równa promieniowi Ziemi. Odległość między Ziemią a małą kulą nie zmienia się. Ziemia i mała kula pozostają względem siebie w spoczynku.

Promień Ziemi podwaja się w wyniku przyspieszenia wynoszącego dziewięć całych i osiem dziesiątych metra na sekundę do kwadratu.

Patrz rysunek 57.

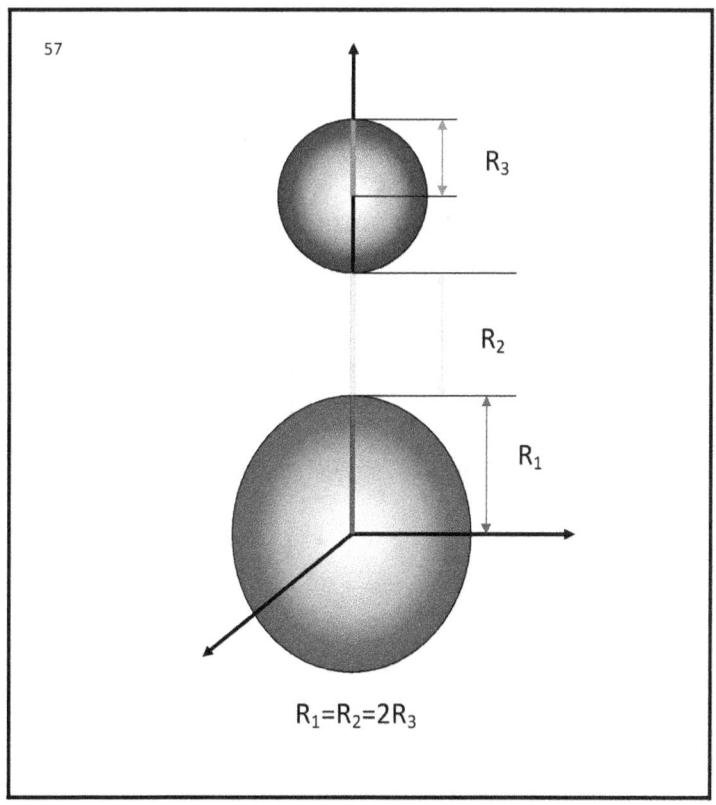

Na rycinie 57 pokazano planetę Ziemię, układ współrzędnych małej kuli.

Promień Ziemi podwoił się.

Promień małej kuli podwoił się.

Odległość między Ziemią a małą kulą wzrosła dwukrotnie.

W tych warunkach relacje pomiędzy wymiarami pozostają stałe.

Stosunek promienia Ziemi do promienia małej kuli nie zmienia się.

Stosunek promienia Ziemi do odległości do małej kuli nie zmienia się.

Nie zmienia się również stosunek promienia małej kuli do odległości.

Wszystkie ciała fizyczne istniejące na planecie Ziemia zwiększyły swoje wymiary przestrzenne i obecnie są dwukrotnie większe. Badacz, który dokona pomiaru, jest dwukrotnie większy. Licznik odkrywcy jest dwa razy większy.

Powiększenie Ziemi, powiększenie małej kuli, powiększenie odległości nie są zauważalne.

Wynik pomiaru jest taki, że dwie kule zachowują swoje wymiary i pozostają względem siebie w spoczynku.

16. STAN WZGLĘDNEGO ODPOCZYNKU

Promień Ziemi ma określoną długość. Powierzchnia Ziemi oddala się od środka Ziemi z przyspieszeniem dziewięciu pełnych ośmiu dziesiątych na sekundę do kwadratu. Promień małej kuli jest dwukrotnie większy od promienia Ziemi. Wymiary tych dwóch promieni są względem siebie w stanie spoczynku. Dlatego przyspieszenie, z jakim wzrasta promień małej kuli, jest dwukrotnie mniejsze niż przyspieszenie Ziemi. Przyspieszenie promienia małej kuli wynosi cztery całe i dziewięć dziesiątych metra na sekundę do kwadratu. Liczba cztery całość i dziewięć dziesiątych to połowa liczby dziewięć całości i osiem dziesiątych.

Patrz rysunek 58.

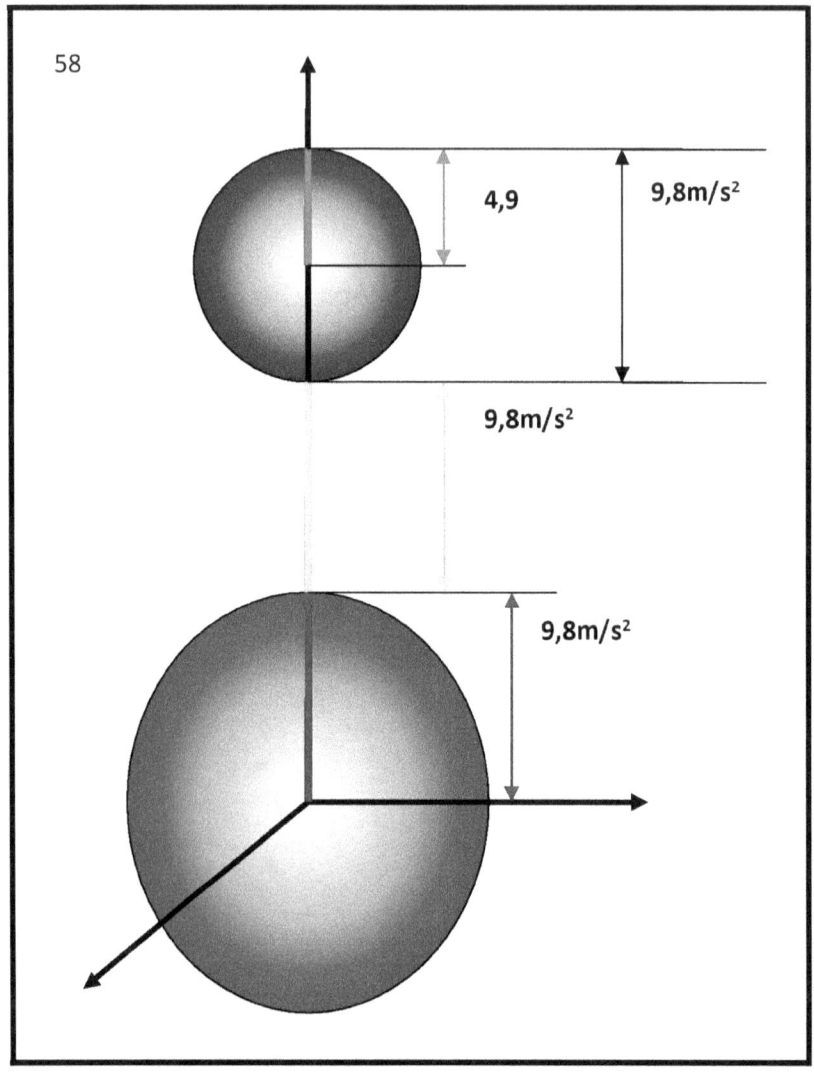

58

Na Rycinie 58 pokazano Ziemię, małą kulę i odległość między Ziemią a małą kulą. Pokazano przyspieszenia, z którymi zwiększają się rozmiary dwóch promieni, oraz przyspieszenie, z jakim zwiększa się odległość między Ziemią a małą kulą. Przy tych przyspieszeniach i w tych odległościach Ziemia i mała kula znajdują się w stanie względnego spoczynku.

Stan względnego spoczynku jest możliwy także przy

TRZECI BŁĄD EINSTEINA

innych odległościach pomiędzy Ziemią a małą kulą.

Patrz rysunek 59.

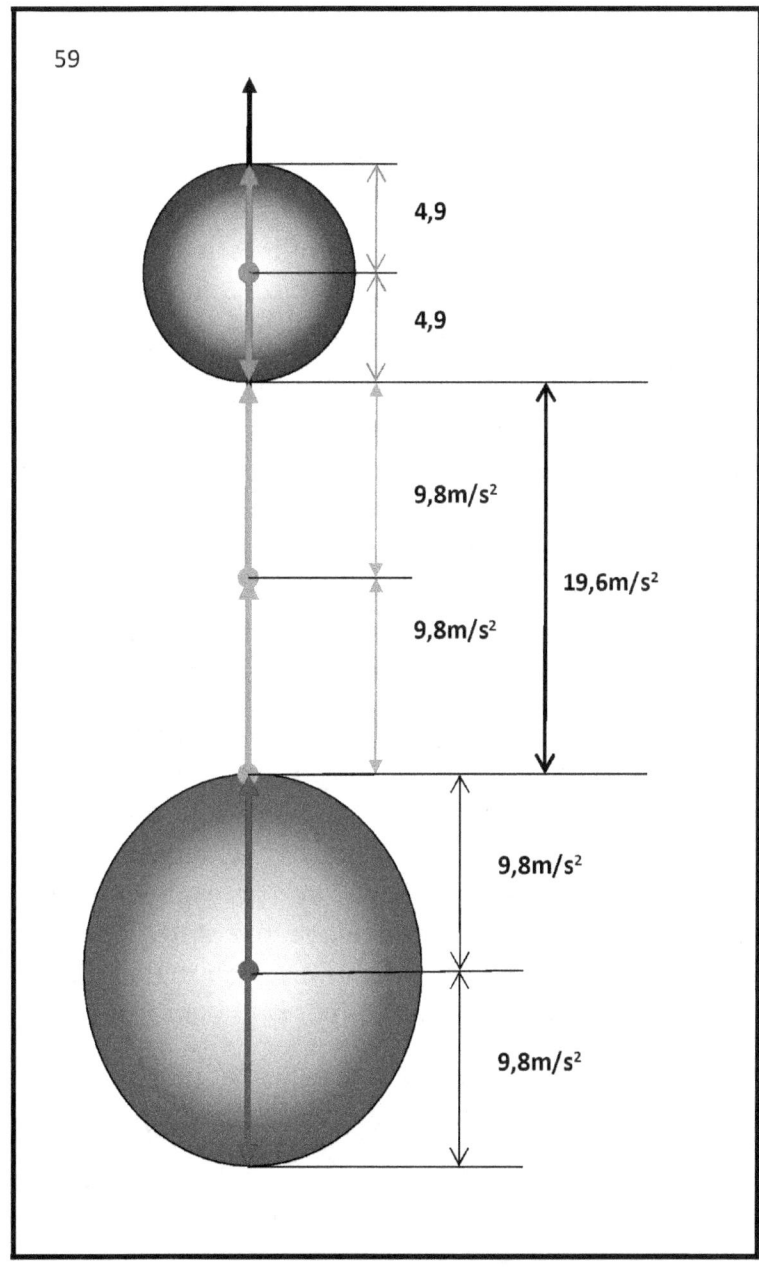

pokazano dużą kulę-Ziemię, małą kulę i **pionową oś układu współrzędnych.** Oś pionowa układu współrzędnych zaczyna się od środka Ziemi i kończy nad powierzchnią małej kuli. To jest czarna strzałka widoczna u góry.

Pokazano średnicę Ziemi, która jest zaznaczona na niebiesko, oraz przyspieszenie powierzchni Ziemi względem środka Ziemi. Są to dwa niebieskie promienie, które zaczynają się od środka Ziemi i są prostopadłe. Jeden na górze, drugi na dole. Po prawej stronie znajdują się liczby i podwójne strzałki, które pokazują wielkość przyspieszenia gruntu. Dziewięć całych i osiem dziesiątych metra do kwadratu to przyspieszenie Ziemi względem środka Ziemi.

Pokazano średnicę małej kuli (na czerwono) i przyspieszenia promieni małej kuli (na czerwono). Przyspieszenia dwóch promieni małej kuli pokazano czerwonymi podwójnymi strzałkami i liczbami. Przyspieszenia są przeciwne, od środka małej kuli do powierzchni małej kuli. Przyspieszenie powierzchni małej kuli względem środka małej kuli wynosi cztery całe i dziewięć dziesiątych metra na sekundę do kwadratu.

Pokazana jest odległość między Ziemią a małą kulą, która jest dwukrotnie większa w porównaniu z odległością na poprzednim rysunku. Duża odległość jest pokazana zieloną linią. Wartość i kierunek przyspieszenia oznaczono zieloną strzałką. Liczby pokazują wartości liczbowe przyspieszeń. Dwa razy większa odległość, dwa razy większe przyspieszenie. Przy tych wymiarach i tych przyspieszeniach Ziemia i mała kula ponownie znajdują się w stanie względnego spoczynku względem siebie.

Rysunki pokazują, że ruchy bezwzględne z przyspieszeniem są względem siebie i znajdują się w względnym spoczynku.

Rysunki pokazują, że spoczynek względny jest szczególnym przypadkiem ruchu bezwzględnego z przyspieszeniem.

TRZECI BŁĄD EINSTEINA

Oznacza to, że każdy **względny odpoczynek można sprowadzić do ruchu absolutnego wraz z przyspieszeniem.**

Jeszcze raz podkreślę, że jest to niezwykle ważna, fundamentalna właściwość spoczynku i ruchu, a współczesna fizyka nie poświęciła temu faktowi wystarczającej uwagi.

Warunkiem względnego odpoczynku jest:

$$\frac{a_n}{S_n} = const.$$

Gdzie:

$$n = 1; 2; 3; \ldots \to \infty$$

, jest numerem sekwencyjnym.

a_n - jest przyspieszeniem o liczbie porządkowej odpowiadającej dokładnie określonej odległości S_n o tej samej liczbie porządkowej.

S_n - to odległość o liczbie porządkowej, która odpowiada dobrze określonemu przyspieszeniu a_n, o tej samej liczbie porządkowej.

$const.$ - jest stałą liczbową, która jest taka sama dla całego zbioru składającego się z zależności pomiędzy przyspieszeniami i drogami, które mają tę samą liczbę porządkową.

17. RZECZYWISTOŚĆ TRÓJWYMIAROWA. JEDNOWYMIAROWA RZECZYWISTOŚĆ.

Jedna Nieskończona Rzeczywistość jest trójwymiarowa. Z punktu widzenia nauki matematyki Jedną Nieskończoną Rzeczywistość można przedstawić za pomocą więcej niż trzech wymiarów. W tym momencie jest to zbędne.

Przestrzeń trójwymiarowa jest reprezentowana przez trójosiowy układ współrzędnych. Trójwymiarowa przestrzeń znajdująca się w stanie przyspieszenia względem swojego środka zwiększa swój rozmiar wzdłuż trzech osi.

Zwiększanie rozmiaru trzech osi układu współrzędnych jest absolutnie jednoczesne.

Zwiększanie wielkości trzech osi układu współrzędnych odbywa się przy tym samym przyspieszeniu.

Patrz rysunek 60.

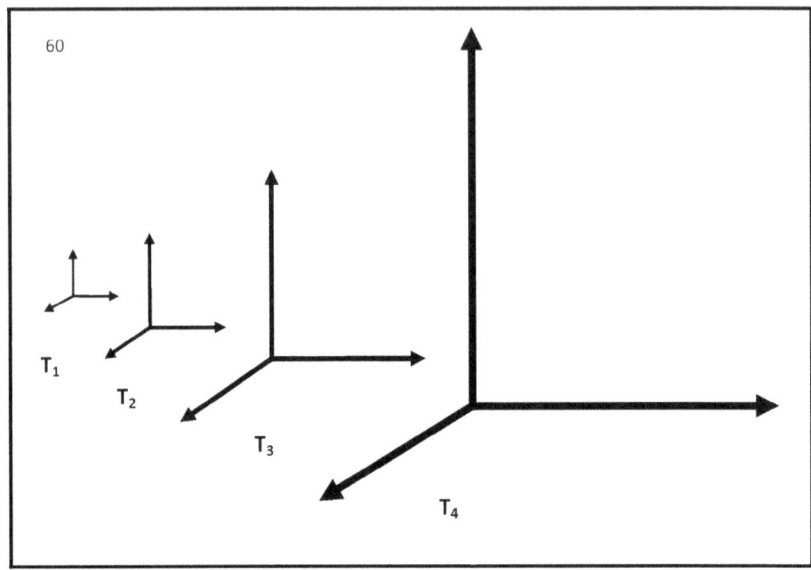

Na rysunku 60 pokazane są cztery układy współrzędnych o różnych wymiarach.

Jest to układ współrzędnych, który skaluje rozmiar trzech osi w czterech momentach czasu. W każdym kolejnym momencie układ współrzędnych jest dwukrotnie większy od poprzedniego. Każdy z czterech układów współrzędnych w danym momencie pozostaje względem siebie w spoczynku.

Każda z osi trójwymiarowego układu współrzędnych reprezentuje Rzeczywistość Jednowymiarową.

Patrz rysunek 61.

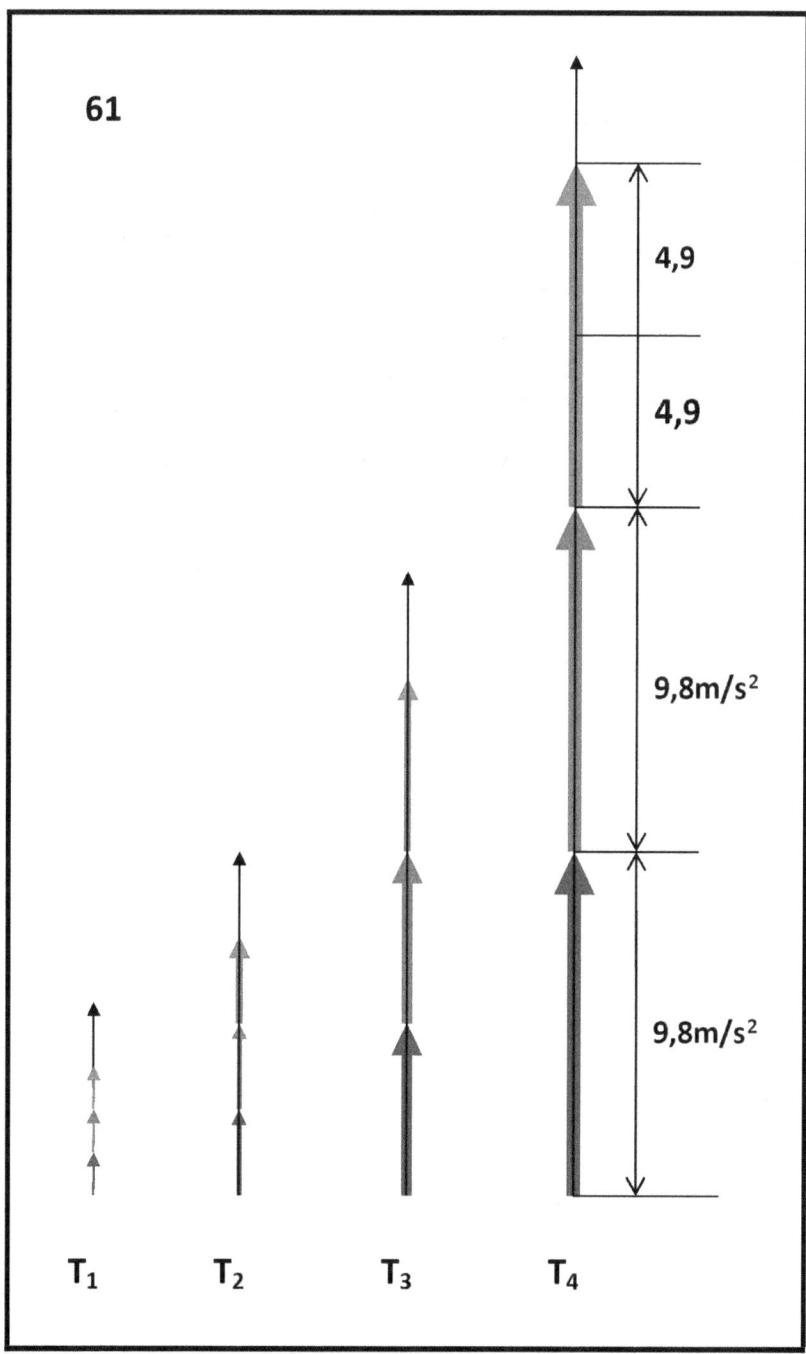

Na rysunku 61 pokazano tylko oś pionową trójwymiarowego układu współrzędnych. Oś pionowa jest rzeczywistością jednowymiarową. Ukazane są cztery kolejne momenty jednowymiarowej rzeczywistości. Wyświetlane są przyspieszenia i przyrosty odległości. Kolorem niebieskim pokazane jest przyspieszenie i wzrost rozmiaru promienia planety Ziemia. Kolor zielony pokazuje przyspieszenie i wzrost wielkości odległości pomiędzy planetą Ziemią a małą kulą. Kolorem czerwonym pokazano przyspieszenie i wzrost średnicy małej kuli.

Cienka czarna strzałka to pionowa oś trójwymiarowej rzeczywistości.

Przyrost odległości w zależności od przyrostu czasu przedstawiono graficznie.

Patrz rysunek 62.

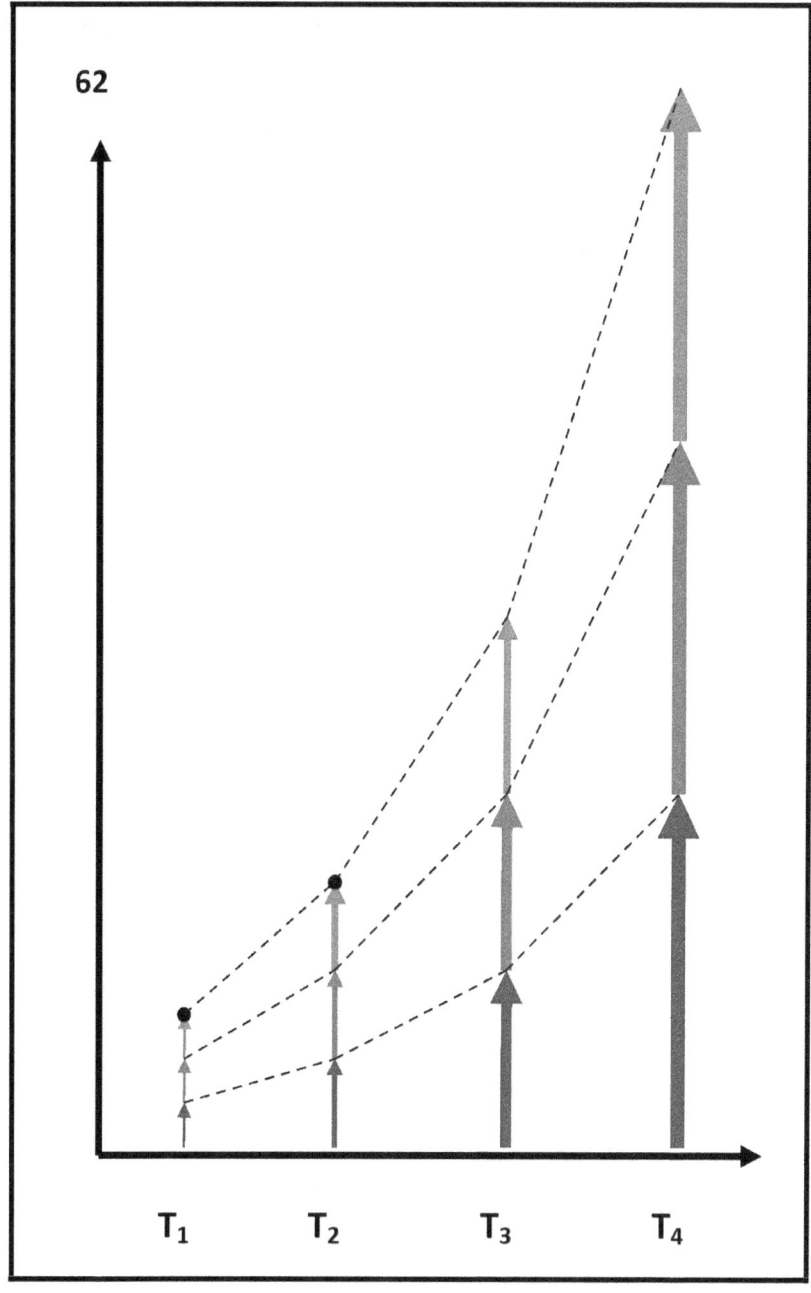

Na rycinie 62 pokazano wykres zależności między rosnącą

odległością a rosnącym czasem. Pokazane są cztery odległości w czterech kolejnych punktach czasu.

Poniższy wykres przedstawia jednowymiarową rzeczywistość, w której **współczynnik przyspieszenia wzrasta** równy jeden metr na sekundę do kwadratu. Czas istnienia jednowymiarowej rzeczywistości wynosi cztery sekundy.

Patrz rysunek 63.

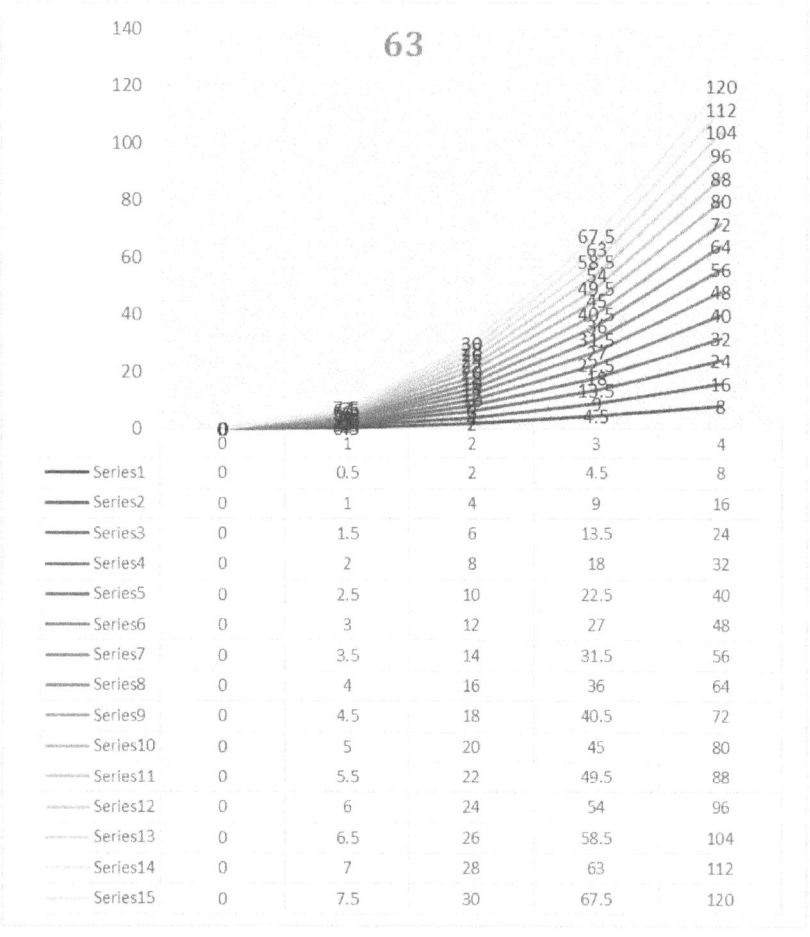

Na rysunku 63 pokazano jednowymiarową

rzeczywistość składającą się z piętnastu serii graficznych. Seria graficzna przedstawia przyspieszenie możliwych punktów jednowymiarowej rzeczywistości. W rzeczywistości jednowymiarowej możliwe są odległości będące w stanie względnego spoczynku.

Patrz rysunek 64.

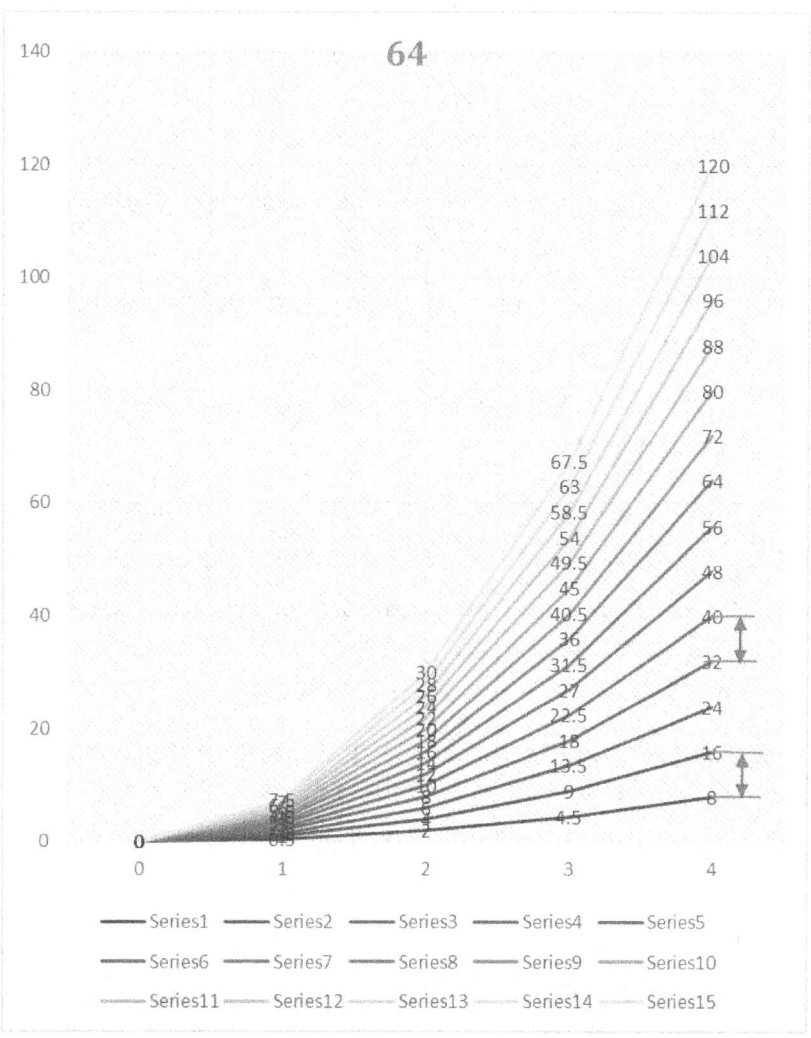

Na rysunku 64 pokazano jednowymiarową rzeczywistość, której czas życia wynosi cztery sekundy.

Pokazano piętnaście serii graficznych. Wybuchy rozpoczynają się od zera sekund i kończą po czterech sekundach. Oś pozioma to czas, oś pionowa to przebyta odległość.

Seria pierwsza to wykres pokazujący przyspieszenie jednego metra na sekundę do kwadratu.

Seria druga to wykres pokazujący przyspieszenie dwóch metrów na sekundę do kwadratu.

Seria trzecia pokazuje przyspieszenie trzech metrów na sekundę do kwadratu.

Dla każdej kolejnej serii w górę osi pionowej przyspieszenie jest o metr większe.

Seria piętnasta jest na szczycie, a przyspieszenie wynosi piętnaście metrów na sekundę do kwadratu.

Odległość pionowa pomiędzy szeregami jest zawsze równa jednemu metrowi. Licznik jest standardem, ale na końcu każdej kolejnej sekundy ma inne wartości liczbowe.

Pod koniec czwartej sekundy wartość liczbowa odległości między seriami jest równa liczbie osiem.

Spójrz na wykres, czerwoną strzałkę i cienkie niebieskie linie. Liczby to szesnaście i osiem. Różnica między nimi wynosi osiem.

Ta ósemka to odległość odniesienia jednego metra, występująca pomiędzy wszystkimi seriami, wzdłuż pionu czwartej sekundy. Pod koniec czwartej sekundy różnica między sąsiednimi cyframi w pionie jest zawsze liczbą osiem.

Pod koniec trzeciej sekundy różnica między cyframi znajdującymi się nad sobą w pionie jest zawsze równa liczbie cztery i pół. Na końcu trzeciej sekundy, liczba cztery i pół, jest normą dla odległości równej jednemu metrowi.

Na końcu drugiej sekundy cyfra dwa jest standardem dla odległości równej jednemu metrowi.

W rzeczywistości jednowymiarowej możliwe są ciała fizyczne, które istnieją w stanie spoczynku względem siebie.

Patrz rysunek 65.

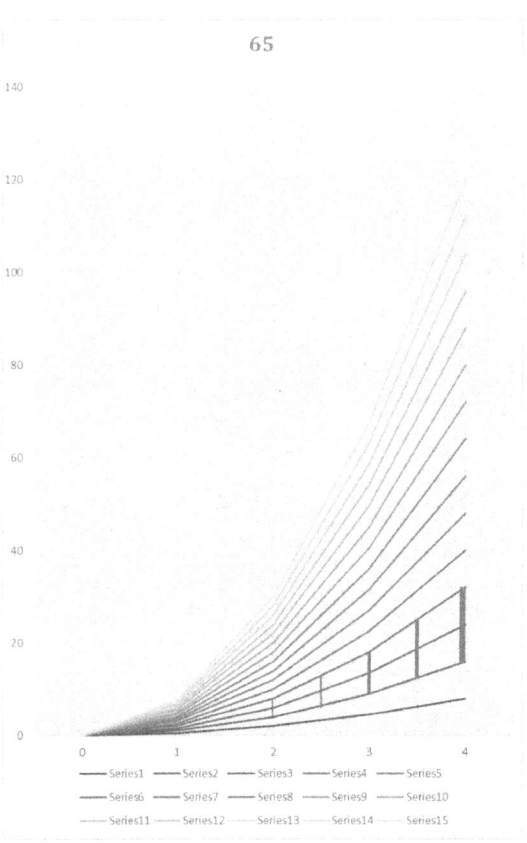

Na rycinie 65 pokazano dwumetrowe ciało, które znajduje się w spoczynku względem siebie. Ciało jest pokazane czerwoną linią.

W rzeczywistości jednowymiarowej możliwe są ciała fizyczne, które istnieją w stanie spoczynku względem siebie i w stanie spoczynku względem innych ciał.

Patrz rysunek 66.

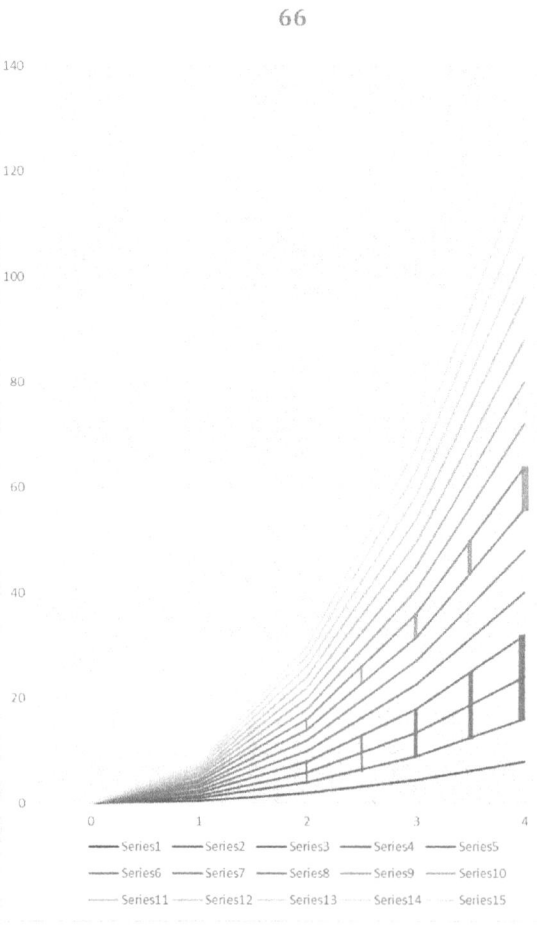

Na rysunku 66 pokazana jest jednowymiarowa rzeczywistość, w której znajduje się jeden obiekt zielony i jeden obiekt czerwony. Czerwony obiekt ma dwa metry długości i znajduje się pomiędzy serią drugą a czwartą. Zielony obiekt ma metr długości i znajduje się pomiędzy serią siódmą a ósmą. Odległość pomiędzy obiektem czerwonym a obiektem zielonym wynosi trzy metry. Zielony obiekt pozostaje w spoczynku względem siebie. Czerwony obiekt pozostaje w spoczynku względem siebie. Obiekt czerwony i obiekt zielony pozostają względem siebie w spoczynku.

W dowolnej jednowymiarowej rzeczywistości można wykonywać jednostajny ruch prostoliniowy.

Patrz rysunek 67.

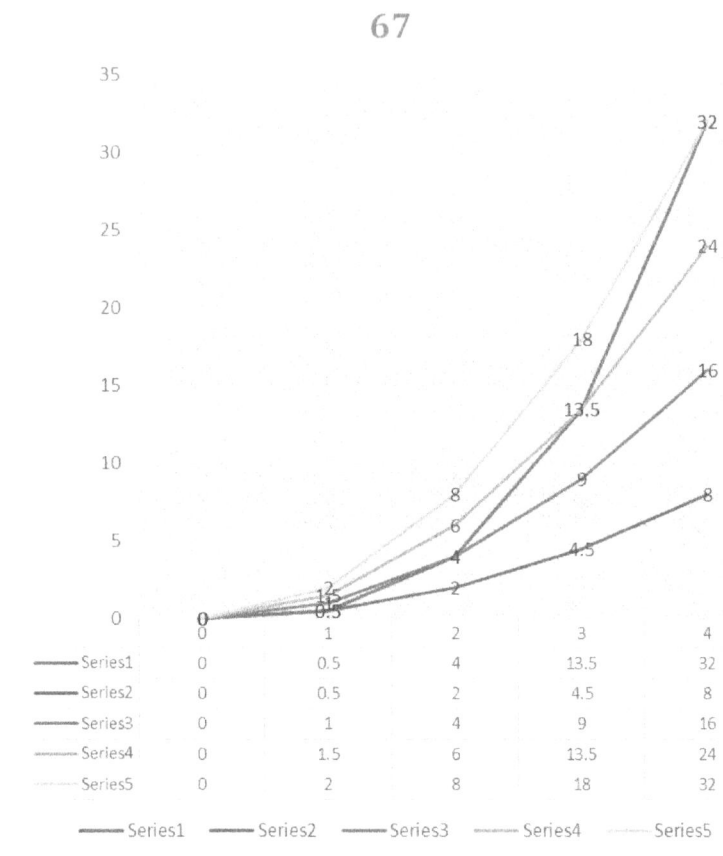

Rysunek 67 przedstawia jednostajny, prostoliniowy ruch czerwonej kropki w jednowymiarowej rzeczywistości, której współczynnik przyspieszenia wynosi jeden metr na sekundę do kwadratu. Wyświetlana jest tabela z wartościami liczbowymi przebytej odległości. Czerwona kropka porusza się równomiernie po linii prostej z prędkością jednego metra na sekundę.

Możliwe jest przesuwanie punktów poruszających się względem siebie po jednolitej linii prostej.

Patrz rysunek 68.

TRZECI BŁĄD EINSTEINA

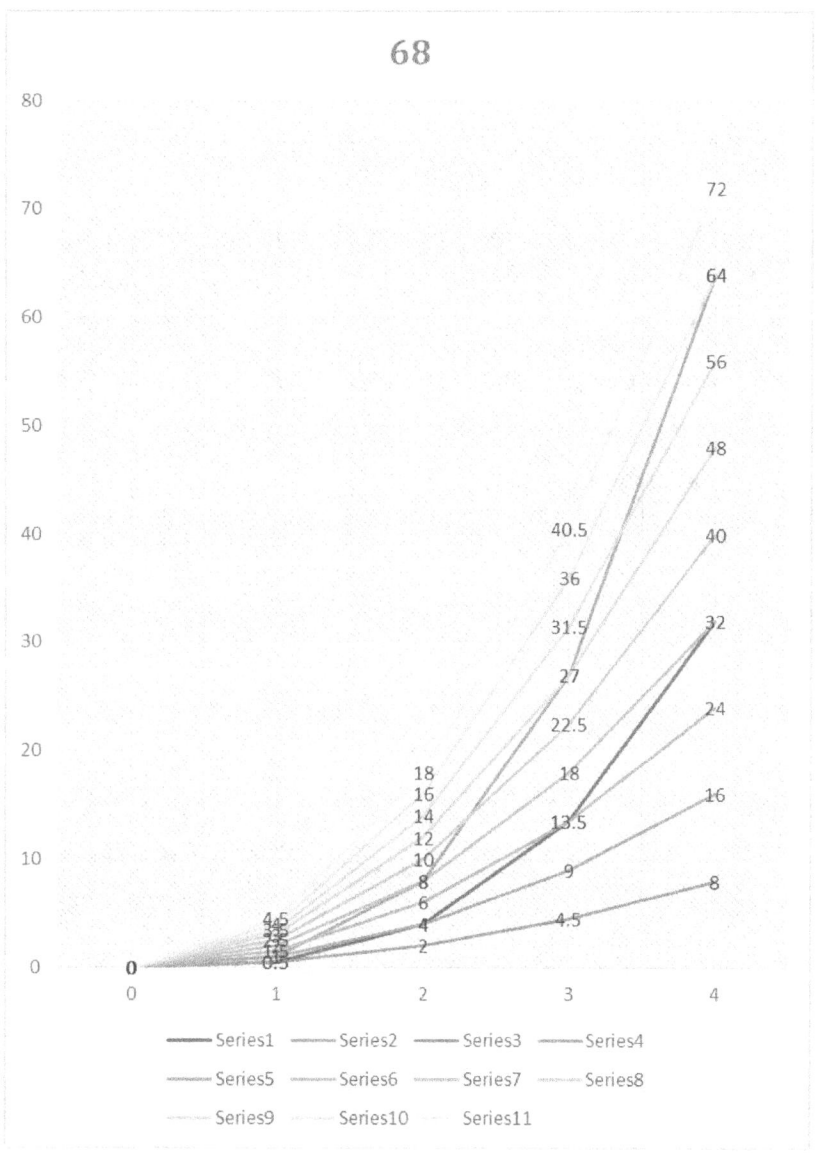

Na rycinie 68 pokazano jednowymiarową rzeczywistość i równomierny ruch prostoliniowy jednej czerwonej i jednej niebieskiej kropki.

Czerwona kropka porusza się równomiernie po linii prostej z prędkością jednego metra na sekundę względem zielonej jednowymiarowej rzeczywistości.

Niebieska kropka porusza się równomiernie po linii prostej z prędkością dwóch metrów na sekundę względem zielonej jednowymiarowej rzeczywistości.

Niebieska kropka oddala się od czerwonej kropki równomiernie po linii prostej, z prędkością jednego metra na sekundę.

Możliwe jest przesuwanie względem siebie dwóch lub więcej jednowymiarowych rzeczywistości.

Patrz rysunek 69.

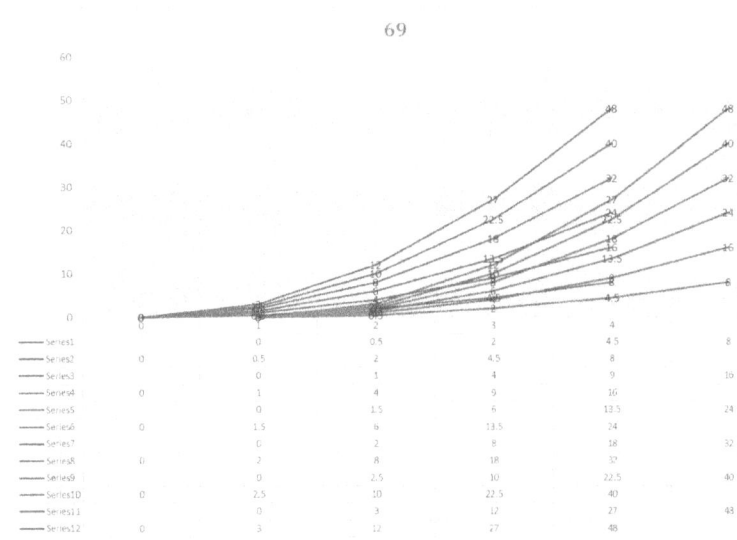

Na rycinie 69 pokazano dwie jednowymiarowe rzeczywistości poruszające się względem siebie równomiernie i po linii prostej, z prędkością jednego metra na sekundę.

Czerwona jednowymiarowa rzeczywistość istnieje o sekundę wcześniej niż niebieska.

W rzeczywistości jednowymiarowej możliwy jest ruch z przyspieszeniem dowolnego punktu względem całej rzeczywistości jednowymiarowej.

Patrz rysunek 70.

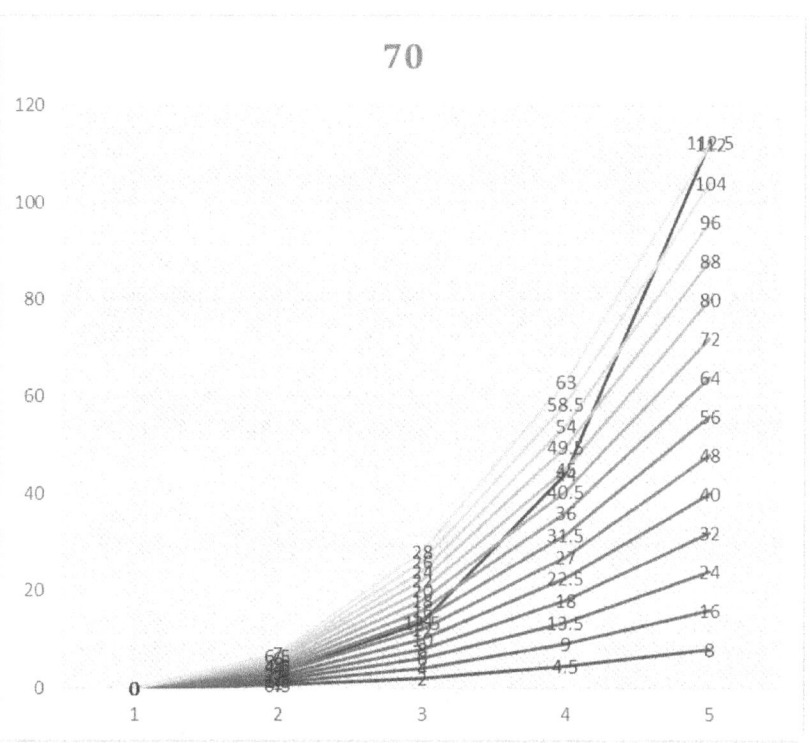

Na rycinie 70 pokazano punkt, który porusza się z przyspieszeniem względem jednowymiarowej rzeczywistości. Punkt porusza się w jednowymiarowej rzeczywistości z przyspieszeniem jednego metra na sekundę do kwadratu.

W rzeczywistości jednowymiarowej możliwe są wszystkie rodzaje ruchu.

Patrz rys. 71.

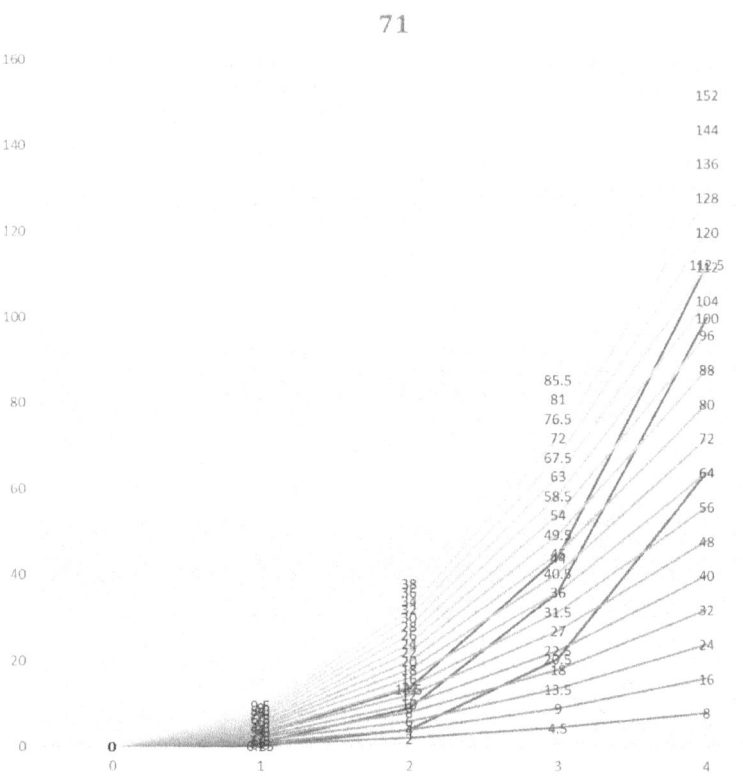

71

Na ryc. 71 pokazano zieloną jednowymiarową rzeczywistość, dwie niebieskie kropki i jedną czerwoną kropkę. Dwa błękity pozostają względem siebie w spoczynku i poruszają się z przyspieszeniem względem zielonej jednowymiarowej rzeczywistości. Czerwona kropka porusza się z przyspieszeniem względem zielonej rzeczywistości i porusza się równomiernie po linii prostej względem dwóch niebieskich kropek.

18. WYSIŁEK. PRZYŚPIESZENIE.

Wzrost wymiarów wielowymiarowej, Jednej Nieskończonej Rzeczywistości następuje ze stale **rosnącym przyspieszeniem**.

Ciągłe **zwiększanie przyspieszenia** nazywa się **przyspieszeniem**.

W Jednej Nieskończonej Rzeczywistości istnieją zjawiska będące dowodem na istnienie Zasady Identyczności.

Pierwszy dowód to:

Granice obserwowalnego wszechświata oddalają się od centrum obserwowalnego wszechświata ze zmiennym przyspieszeniem.

Oznacza to, że przyspieszenie granicy względem środka stale rośnie w różny sposób. Prawa stopniowej zmiany są różne, a prawa stale się zmieniają. Są to wyższe pochodne ścieżki czasu. Ilość wyższych pochodnych jest nieskończenie duża.

Centrum obserwowalnego wszechświata stanowi planeta Ziemia.

Definicja:

Granicę obserwowalnego wszechświata stanowi nieskończona liczba **miejsc** oddalających się od planety Ziemia z **obserwowalną prędkością względną** równą prędkości światła.

Zobacz rysunek 72.

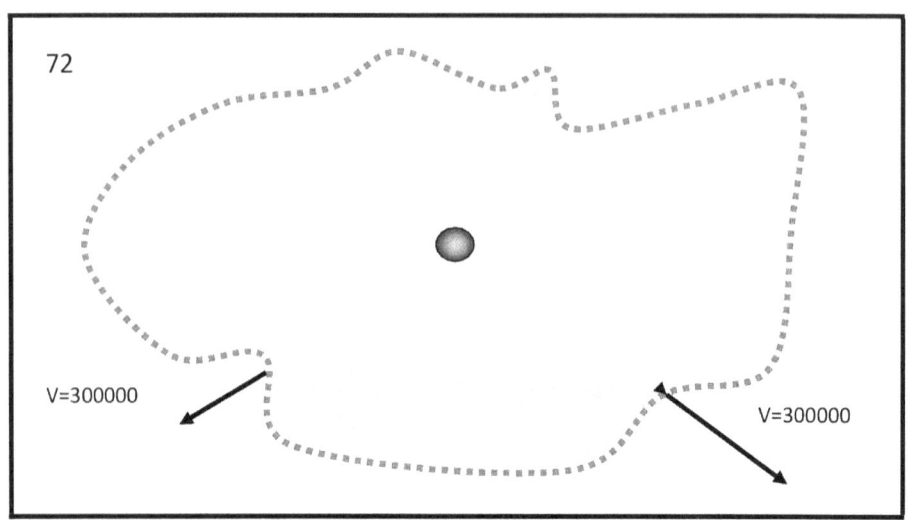

Na rycinie 72 pokazano planetę Ziemię, obserwowalny wszechświat i granice obserwowalnego wszechświata. Planeta Ziemia to mała kula pośrodku figury. Planeta Ziemia jest centrum obserwowalnego wszechświata. Obserwowalny wszechświat ma kolor jasnoniebieski. Granicę obserwowalnego Wszechświata zaznaczono przerywaną czerwoną linią. Czerwona linia składa się z małych czerwonych kwadratów. Małe czerwone kwadraty to **miejsca** w obserwowalnym wszechświecie. **Miejsca** to **całe części** należące do **całego** obserwowalnego wszechświata. Pojęcie **miejsca** zastępuje pojęcie punktu. Celowo nie używam określenia punkt. Pojęcie punktu jest abstrakcją matematyczną. W obserwowalnym wszechświecie nie ma punktów. Kiedy używam pojęcia **miejsca** , umieszczam znaczenie i treść, których użył Newton w „Matematycznych zasadach fizyki".

Nieskończona ilość **miejsc** wyznaczających granice znanego wszechświata spełnia jeden, konieczny i wystarczający warunek:

Oddalają się od centrum obserwowalnego Wszechświata z **obserwowalną prędkością względną** , która jest równa prędkości światła, czyli trzystu tysięcy kilometrów na sekundę. Zjawisko **obserwowalnej prędkości względnej** wykorzystywane jest tylko i wyłącznie jako warunek określenia granicy „**obserwowalnego**" Wszechświata. Obiektów fizycznych poruszających się z prędkością większą niż prędkość światła nie można obserwować za pomocą fal elektromagnetycznych znajdujących się w obserwowalnym zakresie optycznym światła. Prawdziwy, absolutny ruch granicy odbywa się z przyspieszeniem. W ruchu absolutnym z przyspieszeniem następuje moment, w którym względna obserwowalna prędkość obiektu fizycznego względem środka jest równa prędkości światła. W tym momencie ten obiekt fizyczny znajduje się na krawędzi obserwowalnego wszechświata. Warunek ten jest tradycją w nauce fizyki.

Granica **obserwowalnego** wszechświata nie jest kulą. Granica pokazana na rysunku nie jest okręgiem i nie jest prawdziwą granicą obserwowalnego wszechświata. To jest możliwy przykład.

Drugi dowód to:

W różnych punktach na granicy obserwowalnego wszechświata przyspieszenie $@$ **będzie inne** .

Patrz rysunek 73.

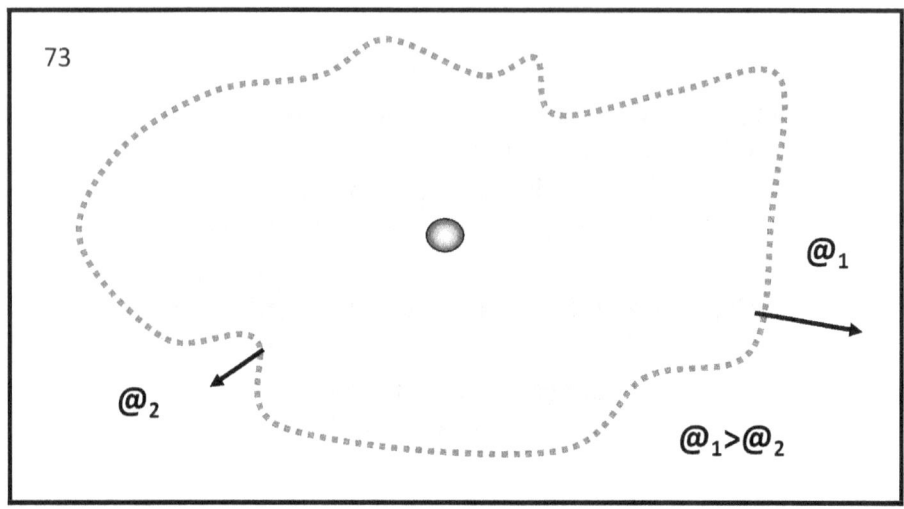

Rysunek 73 pokazuje różne przyspieszenia na granicy obserwowalnej rzeczywistości. Wielkość przyspieszenia zależy od środka obserwowalnego wszechświata. Centrum obserwowalnego wszechświata stanowi planeta Ziemia.

Trzeci dowód to:

Pręt o długości równej średnicy planety Ziemia będzie przyspieszał na obu końcach z przyspieszeniem dziewięć razy osiem metrów na sekundę do kwadratu, względem jego środka.

W tych warunkach planeta Ziemia i pręt będą w stanie względnego spoczynku.

Zobacz rysunek 74.

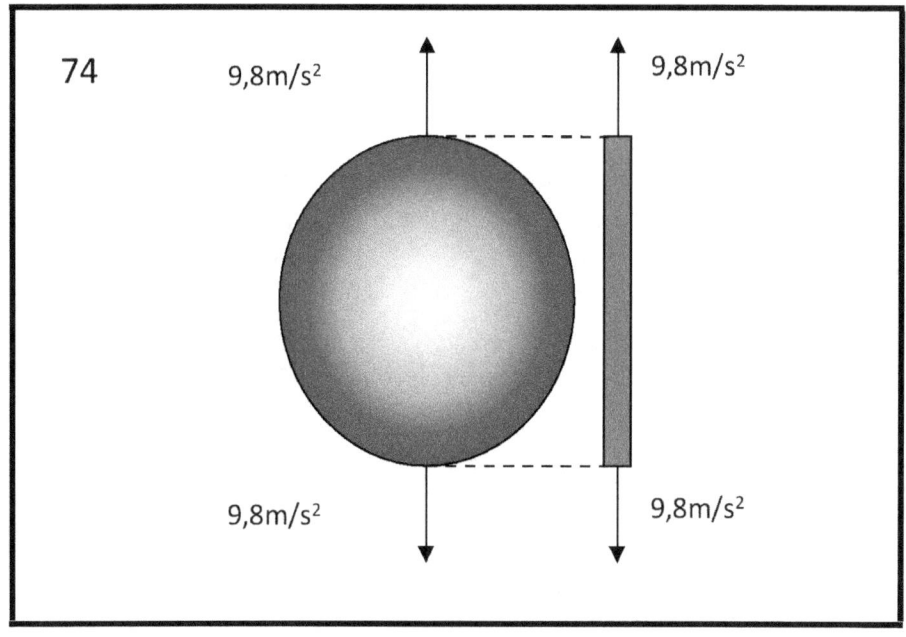

Na rycinie 74 pokazano planetę Ziemię i kij. Długość pręta jest równa długości średnicy planety Ziemia. Obydwa końce pręta poruszają się wraz z podstawą względem środka pręta. Przyspieszenie wynosi dziewięć pełnych ośmiu metrów na sekundę do kwadratu.

Czwarty dowód to:

Temperatura w środku pręta będzie wyższa niż temperatura na obu końcach pręta.

Patyk nagrzeje się w środku.

Patrz rysunek 75.

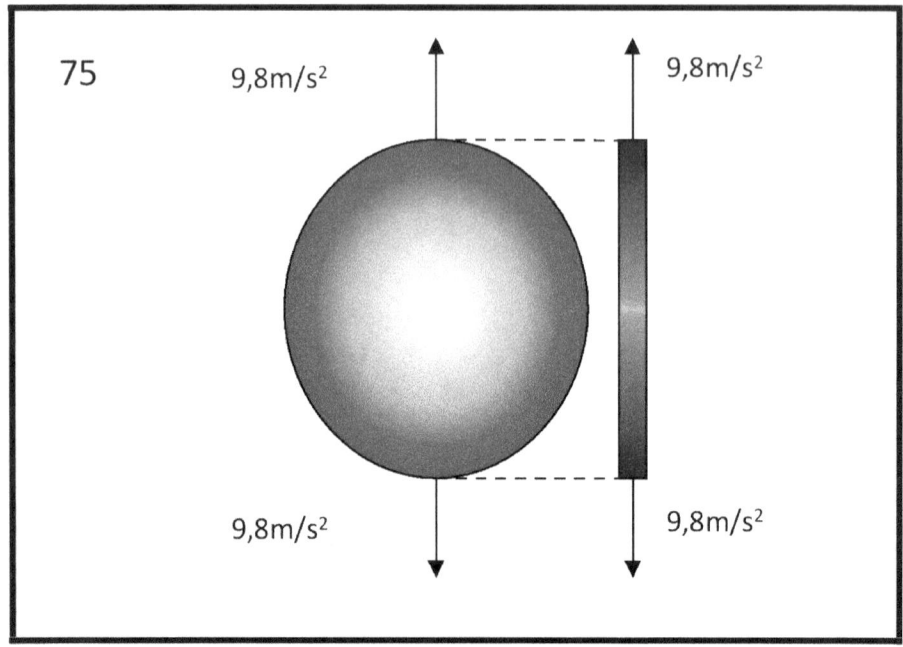

Rycina 75 przedstawia planetę Ziemię i kij. Długość pręta jest równa długości średnicy planety Ziemia. Środek patyka jest czerwony, ponieważ temperatura jest wysoka.

19. POLE WYSIŁKU. WSPÓLNA PODSTAWOWA ESENCJA JEDNEJ NIESKOŃCZONEJ RZECZYWISTOŚCI.

W podstawowych prawach fizyki definiuję dwie wzajemnie powiązane wielkości, a mianowicie – **przyspieszenie** i **wysiłek**.

Przyspieszenie $@$, - jest równe wyższym pochodnym drogi i czasu, które są większe lub równe trzy.

$$@ = \frac{x}{t^n} \quad \text{......Gdzie: } n \geq 3$$

Wysiłek Φ jest równy iloczynowi masy ciała m i przyspieszenia $@$.

$$\Phi = m.@$$

Litera Φ pochodzi z alfabetu słowiańsko-bułgarskiego – cyrylicy.

Na **polu wysiłku** ma miejsce uniwersalna interakcja pomiędzy całymi częściami **Jednej Nieskończonej Rzeczywistości**.

Jest to jedyne uniwersalne połączenie pomiędzy nieskończoną mnogością pojedynczych całości, które dopiero w ten sposób tworzą treść fenomenu całej **Jednej Nieskończonej Rzeczywistości**. Fenomen **całej Jednej Nieskończonej Rzeczywistości** jest prawdopodobnie możliwy do odzwierciedlenia poprzez i w stanie ciągle zmieniającego się **przyspieszenia**

manifestuje się względna istota ruchu absolutnego, tkwiącego w **całej Jednej Nieskończonej Rzeczywistości**

Ciągle zmieniające się przyspieszenie pojawia się pomiędzy nieciągłościami **całej Jednej Nieskończonej Rzeczywistości**.

Stale zmieniające się przyspieszenie jest przyczyną pojawienia się nieskończonej **ilości** określonej **jakości** i nieskończonej **ilości** różnych **cech**.

Siła jest równa iloczynowi masy całości i jej przyspieszenia.

$$\Phi = m.@$$

Gdzie:

Literą m zaznaczamy masę całości.

Literą Φ słowiańsko-bułgarskiej cyrylicy oznaczamy **wysiłek** i tym pojęciem oznaczamy **podstawową wielkość fizyczną**, która jest równa iloczynowi masy całości i przyspieszenia.

Znakiem $@$, oznaczamy *przyspieszenie* i tym pojęciem oznaczamy **podstawową wielkość fizyczną**, która jest równa lub większa od trzeciej pochodnej drogi od czasu.

$$@ = \frac{x}{t^n} \ldots\ldots n \geq 3$$

Pod względem historycznego występowania prawo wysiłku i jego związek z przyspieszeniem plasuje się wśród trzech najważniejszych praw klasycznej fizyki podstawowej. Zatem podstawowe prawa fizyki są teraz cztery.

Pod względem fundamentalności i uniwersalności prawo wysiłku obejmuje pierwsze trzy prawa Newtona.

Daje to powód, aby nazwać to „zerowym" prawem nauki fizyki.

, że prawa Newtona definiują ilościowe oddziaływanie sił pomiędzy ciałami o określonej masie **zawsze i tylko wtedy**, gdy **siła już się przejawia i ma określoną wartość**.

W książce „Matematyczne zasady fizyki" Newton całkiem świadomie regularnie używa terminologii „… **działanie przyłożonej siły** …".

Głęboka idea Newtona jest taka, że ta siła pojawiła się i już istnieje, że można ją zastosować i działa, gdy zostanie zastosowana.

Można by zarzucić, że pierwsze prawo Newtona nie odnosi się do wzajemnego oddziaływania sił. Jeśli dokładnie przeanalizujemy sposób jej definiowania, dojdziemy do wniosku, że nie jest to prawdą.

Prawo stanowi:

„**Ciało znajduje się w stanie spoczynku, czyli w ruchu jednostajnym prostoliniowym, gdy nie działa na nie żadna siła**".

Prawo można sformułować w następujący sposób:

„**Ciało znajduje się w stanie spoczynku, czyli ruchu jednostajnego prostoliniowego, gdy działa na nie siła równa**

zeru".

Niektórzy czytelnicy mogą zarzucić, że nie ma sensu mówić o sile równej zeru, ponieważ oznacza to, że w ogóle nie jest stosowana żadna siła. Moja odpowiedź jest taka, że możliwe jest przyłożenie sił o równej wielkości i przeciwnym kierunku, a wtedy wynik działania będzie zerowy.

Dlatego ruch bezwładnościowy lub stan względnego spoczynku jakiejkolwiek konkretnej rzeczy jest możliwy tylko wtedy, gdy suma sił działających na to ciało jest równa zeru.

Inaczej mówiąc, z filozoficznego punktu widzenia pojęcia spoczynku i ruchu oznaczają zjawiska obiektywne, które są ściśle związane z wynikiem działania określonych sił.

Wynika z tego, że punktem wyjścia, czyli pozycją wyjściową, do określenia zjawiska spoczynku i zjawiska ruchu jednostajnego prostoliniowego **jest** wymusić działanie. To nie przypadek, że Newton użył pojęcia „działania przyłożonej siły".

Drugie prawo Newtona bezpośrednio wskazuje wielkość działającej siły, wyrażoną jako iloczyn masy obiektu i jego przyspieszenia.

Prawo jest zapisane w następujący sposób:

$$F = m.a$$

W języku łacińskim prawo to brzmi następująco:

> „Mutationem motus proportionalem esse vi motrici impressae et fieri secundum lineam rectam qua visilia imprimitur".

Ze słowiańskiej cyrylicy bułgarskiej, za pośrednictwem tłumacza elektronicznego:

„**Zmiana wielkości ruchu jest proporcjonalna do przyłożonej siły napędowej i odbywa się zgodnie z prawem, na które ta siła działa**".

Można to wyrazić jako:

Kiedy m **przyłożona siła napędowa działa na ciało posiadające masę** F, **jest ono w stanie ruchu ze stałym przyspieszeniem** a.

Nie trzeba przeprowadzać analizy, aby zobaczyć, że prawo wskazuje wielkość siły, gdy ona **już się objawiła** i ma jakąś stałą, konkretną wartość.

Trzecie prawo Newtona zapisane po łacinie:

> „Actioni contrariam semper et aequalem esse reactionem: sive corporum duorum actiones in se mutuo semper esse aequales et in partes contrarias dirigi"

Ze słowiańskiej cyrylicy bułgarskiej, za pośrednictwem tłumacza elektronicznego:

„Działanie jest zawsze równe i przeciwne do przeciwdziałania, innymi słowy oddziaływania dwóch ciał, jedno na drugie, między sobą są równe i skierowane w przeciwne strony".

Mówiąc w ten sposób, pokazuje to, że gdy na ciało działa *siła* innego ciała, wówczas ciało reaguje siłą o równej wielkości i przeciwnym kierunku.

W tym przypadku ponownie zauważamy, że w trzecim prawie Newtona znowu chodzi o siłę, która już się **objawiła** i już **działa** z pewną określoną stałą wielkością.

Zadajemy tylko jedno, ale niezwykle ważne pytanie:

Jak to **wygląda** ? działanie siły F ?

Nasza odpowiedź, będąca wynikiem stworzonej hipotezy pola wysiłku, brzmi:

Ilość interakcji między rzeczami pojawia się w polu wysiłku.

Patrz rysunek 76.

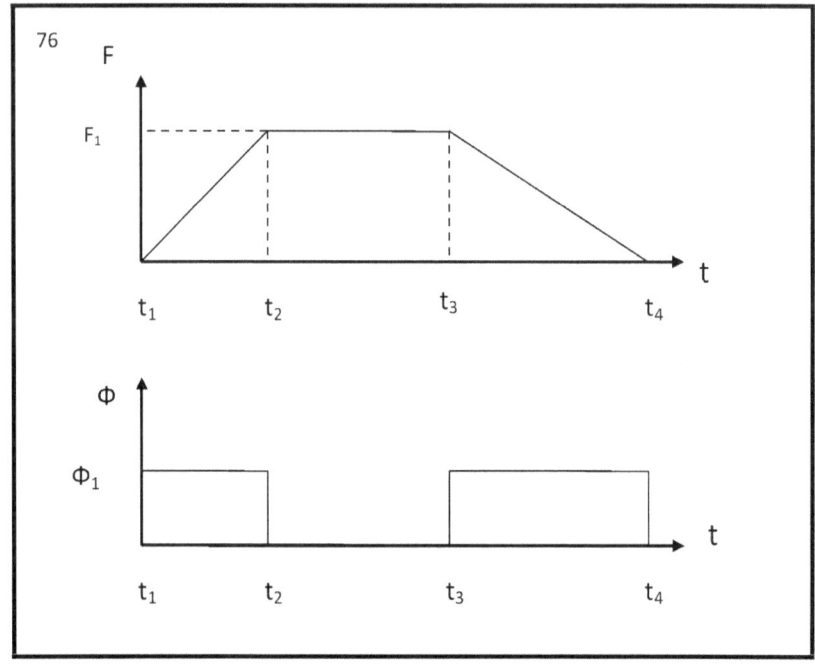

Na rysunku 74 pokazano, jak w przedziale czasu $t_2 - t_1$ pojawia się siła F i jak wzrasta od zera do pewnej wartości F_1, patrz powyższy układ współrzędnych.

W tym samym przedziale czasu $t_2 - t_1$ obserwuje się zjawisko stałej siły działającej Φ_1, co przedstawiono w dolnym układzie współrzędnych.

W przedziale czasu $t_4 - t_3$ siła maleje od pewnej wartości F_1 do zera (górny wykres) i ponownie pojawia się jako stała działająca siła o wielkości Φ_1, co jest pokazane w drugim (dolnym) układzie współrzędnych.

Jeszcze raz należy podkreślić, że tak wyrażone rozważania dają nam powód do uznania prawa wysiłku $\Phi = m.@$ za „zerowe" prawo fizyki, poprzedzające prawa Newtona.

Jako prawo działające w absolutnym fundamencie całej **Jednej Nieskończonej Rzeczywistości**.

Jako prawo jest to przyczyną pojawienia się trzech pierwszych praw Newtona.

Jako prawo określające zjawisko **pola wysiłku**.

Jako prawo otwierające drzwi, za którymi możliwe jest stworzenie ogólnej teorii pola.

Prawo to jest zasadniczo wprowadzeniem do OGÓLNEJ TEORII POLA.

Termin „ **pole wysiłku**" służy do określenia zjawiska istniejącego w całej **Jedynej Nieskończonej Rzeczywistości**, którego istota ma uniwersalny, fundamentalny charakter.

Niewykluczone, że to podstawowe, dotychczas fizycznie niewyjaśnione i niejasne pole, może okazać się podstawą i kluczem do głębokich tajemnic Ruchu Absolutu i jego pojawiających się bytów w kierunku Przestrzeni, Czasu i sposobu, w jaki są one skonstruowane i istnieją w rzeczywistych rzeczach Natury.

Z czysto praktycznego punktu widzenia, technologiczne mistrzostwo w **polu wysiłków** zapewniłoby ludzkości nieograniczoną swobodę informacyjną umożliwiającą komunikowanie się z **całą Jedną Nieskończoną Rzeczywistością** i jej **częściami składowymi** absolutnie jednocześnie.

Jeśli jednak to zadanie technologicznego opanowania odległego działania okaże się najbardziej nieosiągalnym marzeniem, wówczas ludzkość na zawsze pozostanie w niewoli ograniczeń narzuconych jej przez czas, przestrzeń i ruch.

Optymizm inspiruje współczesny rozwój filozoficzno-fizycznej koncepcji rzeczywistości, co daje nadzieję, że tak się nie stanie.

Te dwie nowe wielkości – **wysiłek i przyspieszenie** oraz związek między nimi pozwalają odnowić treść niektórych podstawowych kategorii fizyki.

Na przykład:

Siła, zdefiniowana przez drugie prawo Newtona F, ma regularny związek ze względnym oddziaływaniem i jej istotą ilościową.

Wysiłek Φ wyraża ilość absolutnej interakcji.

Masa ciężka – ilość przerw w kontinuum.

Masa bezwładności – ciągłość przechowywania ogniwa pomiędzy przerwami.

Jednak te kwestie, a także niektóre wyższe pochodne ścieżki czasu, powinny być przedmiotem odrębnej analizy naukowej.

20. NEWTON, GRAWITACJA I POLE WYSIŁKU.

Zasada jednolitości pokazuje, że siła przyciągania grawitacyjnego reprezentowana przez Newtona nie istnieje. To, co Newton nazwał siłą przyciągania grawitacyjnego, to ruch z przyspieszeniem. Słońce i planety Układu Słonecznego zwiększają swoje promienie w różnym tempie. Zwiększanie promieni przy różnym przyspieszeniu odbywa się względem środka danej planety i środka Słońca.

Układ Słoneczny zwiększa swój promień wraz z przyspieszeniem. Przyspieszenie obrzeży Układu Słonecznego jest względem środka Układu Słonecznego. Środek Układu Słonecznego pokrywa się ze środkiem Słońca.

Prawo przyciągania grawitacyjnego Newtona obowiązuje w granicach Układu Słonecznego. Ale to, co Newton nazwał przyciąganiem grawitacyjnym, jest ruchem pchania, pchania i przyspieszania.

Ruch pchający, pchający z przyspieszeniem, następuje i odbywa się w polu wysiłku. Następuje przyspieszenie, co jest przyczyną pojawienia się siły pchającej. Wielkość siły pchającej w granicach Układu Słonecznego oblicza się na podstawie prawa przyciągania grawitacyjnego podanego przez Newtona. Gdzie indziej w Jednej Nieskończonej Rzeczywistości wielkość siły odpychającej będzie inna niż siła odpychająca działająca w granicach Układu Słonecznego. Oznacza to, że prawo grawitacji Newtona będzie inne.

Ilość „innych praw Newtona" w Jednej Nieskończonej Rzeczywistości jest nieskończenie wielka.

Siła pchająca pojawia się w polu wysiłku i zależy od prawa,

według którego zmienia się przyspieszenie.

W Jednej Nieskończonej Rzeczywistości liczba możliwych praw zmiany przyspieszenia jest nieskończenie duża.

21 CZAS

W Jednej Nieskończonej Rzeczywistości istnieje Zjawisko Czasu. Istotą Zjawiska Czasu jest ruch wraz ze wzrostem przyspieszenia.

Podstawową właściwością Fenomenu Czasu jest integralna nieodwracalność.

www.ingramcontent.com/pod-product-compliance
Lightning Source LLC
Chambersburg PA
CBHW050002230526
45465CB00003BB/1228